融·变

——“中国天气”媒体融合探索与实践

刘轻扬　主编

气象出版社
China Meteorological Press

内容简介

近年来，“中国天气”新媒体业务在华风气象传媒集团的具体要求与指导下，以北京天译科技有限公司为载体，不断推进内部机构重组与业务融合，目前在业务层面和经营层面已基本形成融合态势。本书系统地总结了近年来“中国天气”在强化内容创新、技术融合实现及联动经营转变等方面开展的工作，通过典型案例形象介绍了“中国天气”在融媒体内容生产、技术研发支撑、演播室升级改造以及经营策略转变等方面取得的成果与经验。同时，本书通过实践探索，为各级气象部门推进融媒体气象服务业务体系建设和气象服务内容生产高质量发展提供了“中国天气”经验，以期为创新气象服务模式、推进媒体气象服务深度融合提供参考。

图书在版编目（CIP）数据

融·变："中国天气"媒体融合探索与实践 / 刘轻扬主编. -- 北京 : 气象出版社, 2023.10
ISBN 978-7-5029-8025-2

Ⅰ. ①融… Ⅱ. ①刘… Ⅲ. ①气象服务－传播媒介－研究－中国 Ⅳ. ①P451

中国国家版本馆CIP数据核字(2023)第161225号

融·变——“中国天气”媒体融合探索与实践

Rong · Bian——“Zhongguo Tianqi” Meiti Ronghe Tansuo yu Shijian

出版发行：气象出版社

地　　址：北京市海淀区中关村南大街 46 号　　邮政编码：100081

电　　话：010-68407112（总编室）　010-68408042（发行部）

网　　址：http：//www.qxcbs.com　　E-mail：qxcbs@cma.gov.cn

责任编辑：冷家昭　高菁蕾　　终　　审：张　斌

责任校对：张硕杰　　责任技编：赵相宁

封面设计：北京天译科技有限公司

印　　刷：北京地大彩印有限公司

开　　本：710 mm × 1000 mm　1/16　　印　　张：18.75

字　　数：300 千字

版　　次：2023 年 10 月第 1 版　　印　　次：2023 年 10 月第 1 次印刷

定　　价：80.00 元

本书编委会

主　编：刘轻扬

副主编：梁乐宁　张寅伟　田　曼

成　员：郑　巍　陈　萌　姚　岳　杨　雪　余晓芬　周　颖
李寅锴　朱艳平　陈　默　梁结梅　张翔宇　胡　啸
鲁礼文　赵晨楠　刘文静　陈　曦　杨玫玫　刘　珺
张　慧　张　娟　赵　倩　周　希　张　欢　耿丹丹
孙　茜　崔文约　覃　鑫　张慧媛　杜　督　张晗熙
邵　鹏　王　妍　刘　晨　白　巍　白　玉　时　耀
李　强　卢大维　丁　祎

融变

——“中国天气”媒体融合探索与实践

FOREWORD 序　言

“气象部门要把天气常常告诉老百姓。”毛泽东主席的殷切嘱托一直萦绕在气象人心头。从在《人民日报》上刊登天气预报，到开办《新闻联播天气预报》电视栏目，再到创办中国人自己的气象频道、上线中国气象局公共服务门户网站中国天气网，气象部门与时俱进，不断拓展气象信息传播的形式和渠道，满足老百姓随时随地了解天气信息的需求。

随着互联网技术、数字技术等日臻完善，媒体融合成为大势所趋，媒体气象服务也面临着全新形势和挑战。2018年8月8日，中国气象局公众气象服务权威品牌“中国天气”正式发布，将国家级广播电视、网站、客户端及各新媒体渠道气象服务统一纳入“中国天气”品牌，同时涵盖能源、交通等行业气象服务，以形成品牌合力，推动气象服务向纵深发展。自此，“中国天气”融媒体气象服务开启了新征程。

在全媒体环境下，如何占据新型传播阵地？专业的天气预报应采用什么样的形式发布？如何做出让老百姓喜闻乐见的气象科普？“中国天气”顺势而为，坚持内容为王，积极探索，主动拥抱媒体融合新时代，助力发挥防灾减灾第一道防线作用，满足人民美好生活对气象服务的需求。打造特色原创产品名录，其中《生活预警地图》、气象数据可视化产品、物候景观预报等图文、视频产品独树一帜，灾害性天气现场直播、天文景观直播传播效果显著；创新融合传播手段，“中国天气”进驻抖音、快手、百家号等头部平台，产品多渠道分发、大小屏互动，爆款频出；坚持技术赋能，研发“译数”“译图”“译讯”“译影”“译天”等系列融媒体自动化生产工具，提高工作效率；建设集多信源采集、多媒体互动、多景区空间共享、多平台传输分发多种功能为一体的融媒体演播室，全面提升服务能力；探索内容变现新路径，盘活媒资版权等资源，实现社会效益和经济效益双赢。

编写本书，是对“中国天气”探索媒体融合路径、培养融媒体气象服务人才团队的一次总结和回顾，也希望和各省（区、市）气象局、媒体以及宣传科普机构等，分享交流“中国天气”在全媒体传播、科普宣传方面的机制、经验和技术，共同提升创新融合能力，以巩固、壮大主流舆论阵地。

未来，“中国天气”将继续秉持“天气通讯社、百姓贴心人”的理念，将天气、气候、气候变化与二十四节气保护传承融会贯通，在守正创新中推动媒体融合深度发展，努力成为全国气象服务的标杆与金字招牌。

（李海胜）

PREFACE **前　言**

时代的变革和信息化的发展，让媒体融合成为不可逆转的大趋势。习近平总书记指出，宣传思想工作要把握大势，做到因势而谋、应势而动、顺势而为。2014 年 8 月，中央全面深化改革领导小组 * 第四次会议审议通过《关于推动传统媒体和新兴媒体融合发展的指导意见》，标志着推动媒体融合上升为国家战略，成为国家意志，这一年也被称为我国“媒体融合发展元年”。随着媒体融合实践的不断开展，党中央不断作出推动传统媒体和新兴媒体融合发展的重大决策部署。2018 年 11 月，中央全面深化改革委员会第五次会议审议通过《关于加强县级融媒体中心建设的意见》，指明了县级融媒体中心建设的基本思路。2020 年 9 月，中国共产党中央委员会办公厅、中华人民共和国国务院办公厅印发《关于加快推进媒体深度融合发展的意见》，进一步发出了主力军全面挺进主战场的号令，为推动媒体融合向纵深发展指明方向。

根据党中央精神，气象部门积极推动气象媒体融合发展。2014 年 8 月，中国气象局出台了《关于落实中央有关媒体融合重要文件精神工作方案》，要求构建现代化气象传播体系，打造全媒体传播平台，构建新型管理和业务机制，创新全媒体运营方式；2020 年 9 月，在多年融合实践的基础上，中国气象局进一步专题部署气象媒体融合发展工作，要求各级气象部门运用新技术、新手段，推动气象媒体融合向纵深发展。2021 年 11 月 29 日，中国气象局与国家发展和改革委员会联合印发《全国气

* 2018 年 3 月，原中央全面深化改革领导小组更名为中国共产党中央全面深化改革委员会。

象发展“十四五”规划》，提出要打造以“中国天气”为品牌的气象服务融媒体矩阵；2022 年 5 月，国务院印发《气象高质量发展纲要（2022—2035 年）》，明确指出要研究构建气象服务大数据、智能化产品制作和融媒体发布平台，发展智能研判、精准推送的智慧气象服务。

华风气象传媒集团有限责任公司（以下简称“华风集团”）作为中国气象局开展公共气象服务的重要载体和平台，是气象部门推动媒体融合发展的前沿阵地，根据党中央、国务院的指示精神，按照中国气象局的部署紧密围绕媒体生态变革，不断开展气象融媒体服务的实践工作。2014—2018 年，围绕中国气象频道和中国天气网两大平台，华风集团积极推进台网联动，并全面进驻“两微一端”（微博、微信及新闻客户端）等新媒体服务阵地，不断探索媒体融合实践的新路径；2018 年底，为落实《中国气象局关于继续深化公共气象服务中心和华风集团改革的通知》精神，华风集团统一部署以北京天译科技有限公司（以下简称“天译科技”）为实体，整合并融合中国天气网、中国气象频道、手机服务等相关资源，自此将台网端统一命名为“中国天气”，从品牌和标识上实现第一步融合。这也意味着中国气象频道、中国天气网从组织架构上正式合为一体，开启了“中国天气”媒体全面融合的新篇章。

“谋定而后动，知止而有得。”改革后的天译科技明确了推动“中国天气”媒体融合发展、全面占领信息传播新高地、不断提升社会效益和经济效益的重任，下一步就是解决怎么融、如何融的问题。媒体融合经过多年的发展，从中央到地方确实有很多可以借鉴的成功经验，但是在“流程优化”“平台再造”“移动优先”等共性的融合趋势与规律的基础上，天译科技还要充分考虑自身的特点和需求，特别是围绕“气象”这一内核，探索如何从用户的需求出发，在垂直领域走最适合自身发展的气象特色媒体融合之路。

2020 年开始，经过大量的外部调研和内部讨论沟通，在华风集团的指导下，天译科技对标服务精细的具体要求，牢记“天气通讯社、百姓贴心人”的定位和使命，建立以内容建设为根本、先进技术为支撑、创新管理为保障的“中国天气”全媒体传播体系，并制定“全力破圈、充分融合、做好产品、树强品牌”的十六字方针，坚持公益属性与经济效益相融合，坚持业务能力与经营能力相融合，坚持“中国天气”自有平台与社会媒体、外部各行业相融合，坚持气象系统内部国、省、市、县四级业务体系的媒体服务能力相融合，以“中国天气”产品名录建设、“中国天气”融媒体中心建设、“中国天气”媒体资源版权运营建设、“中国天气”MCN（多频道网络）机构打造等具体工作为抓手，围绕内容建设、技术升级、硬件改造等重点工作，配套进行资源重组、人才培养、流程优化、制度建设等管理措施，积极践行推动“中国天气”媒体融合发展的重任。经过三年多来全员的不懈努力，天译科技紧密围绕“气象服务”这一内核，全面落实推动气象服务高质量发展的要求，在融媒体内容生产、融媒体技术研发、融媒体演播室建设和融媒体运营四大方面均初见成效。

内容生产方面，正如习近平总书记所强调的，内容永远是根本，融合发展必须坚持内容为王，以内容优势赢得发展优势。天译科技在推进融媒体发展的过程中，坚持强化媒体内容的生产与传播，推进内容生产供给侧结构性改革，并于 2020 年开始，重磅打造“中国天气”产品名录，整合气象资讯、气象科普、气象生活三大类 44 款融媒体产品，涵盖直播、短视频、图文等各类媒体表达方式。两年多的时间，实现各类原创融媒体服务产品全网总浏览量近 500 亿，其中融媒体直播、短视频产出超过 22000 条，总观看量近 100 亿；图文资讯产出超 15000 条，总阅读量近 55 亿；官方微博产出超 23000 条，单条总阅读量超 65 亿，主持话题阅读量 220 亿。各类原创产品被人民日报社、新华通讯社、中国中央电视台三大国家级媒体转发破千次。

技术研发方面，天译科技充分认识到技术创新是媒体融合的关键环节，不能忽视技术对媒介融合的支撑性作用。于是，技术团队充分对接媒体生产部门的使用需求，从软件层面组织开发“中国天气”融媒体平台，承载“中国天气”融媒体业务采集、策划、制作、分发、运行、监控、效果等全业务流程，并打通了“中国天气”台网微端屏各路资源，实现矩阵式发展；平台还支持集纳国省气象融媒体资源，形成国省协同发展。此外，天译科技抓住了现有业务和服务中存在的短板，重点围绕增强内容规模化生产输出、提供丰富精细化数据产品、提升智能化加工制作水平和加强多样态服务产品供给，推动多样态融媒体气象服务产品智能加工系统建设，自主研发“译数”融媒体气象信息服务系统、“译图”

融媒体气象服务图形加工系统和“译讯”融媒体气象服务图文自动化系统等 8 大自研工具集，从而助力扩大“中国天气”媒体内容产能、提升产品生产数量和内容输出规模，满足融媒体时代信息传播能力要求。

融媒体演播室的建成则为“中国天气”融媒体业务的开展提供了全新的生产基地。长期以来，“中国天气”融媒体业务生产并没有配套的融媒体演播室，难以满足日益活跃且高产的新媒体产品生产需求，一定程度上影响和制约了新媒体产品的录制质量和产能稳定性，因此亟须一个专业且具备高并发节目录制承载能力的融媒体演播室为媒体节目生产保驾护航。为了解决这一问题，2022 年，华风集团出资并指导天译科技将华风影视大楼 109 演播室全新改造成“中国天气”融媒体演播室，采用开放式融媒体中心设计理念，以 4 个透明舱体 +3 个开放空间的创意设计，实现了将新媒体节目录制、融媒体业务、国省联动、商业孵化、科普展示等功能融汇到了一个统一空间，从而助力“中国天气”品牌发挥协同生产效益，提升服务效能。“中国天气”融媒体演播室是“中国天气”品牌的重要工作区、展示区、服务区。

媒体运营是新媒体时代提升媒体传播力和影响力的一个必不可少的环节。“中国天气”融媒体运营经过三年多的积累，逐渐形成了媒体平台运营、“中国天气”MCN 机构建设以及媒资版权运营 3 个重要的板块。其中，媒体平台运营工作重点围绕“中国天气”官方账号的打造展开，通过紧扣渠道媒介特质，强化产品运营思维，根据用户需求、投放平台属性等进行策略性布局，不断提升“中国天气”在全网的发声能力，目前已实现新浪微博、微信公众号、百度百家、快手、抖音、腾讯等热门平台全覆盖，全网累计粉丝总数突破 1350 万。“中国天气”MCN 机构的建设起步于 2020 年，天译科技组织全国气象主播入驻快手平台，统一在“中国天气”品牌下开展短视频、直播等各类服务，经过两年多的努力，完成全国 26 个省（区、市）90 位气象主播认证及入驻，为气象服务拓展了全新的阵地。目前机构已孵化百万账号 4 个，并已基本建立起“中国天气”MCN 生态圈，实现“引入达人—产出内容—平台运营—广告 / 电商推广”的完整链条，在新媒体平台不断扩大、提升“中国天气”的品牌价值。媒资版权运营也是近两年来天译科技全新开展的主营业务，2020 年开始由华风集团统一安排天译科技负责对集团可运营类媒体资源版权进行统一运营管理。天译科技组织了专业的新媒体版权运营团队，与全网 106 家媒体平台建立了常态化宣推合作，并积极与百度、腾讯、支付宝等商业平台开展定制化气象媒资合作，取得了新媒体版权运营收入从无到有，再到千万元的重要突破，实现了社会效益与经济效益双赢、经营事业有力反哺公益事业的可持续发展格局。

“征途漫漫，惟有奋斗。”回顾过去，天译科技坚持“人民至上、生命至上”，不忘公共气象服务的初心，在中国气象局和华风集团的关爱和指导下，扎实推进媒体融合实践工作；展望未来，时代的变革永无止境。随着 5G（第五代移动通信技术）、大数据、云计算、物联网、人工智能等技术的不断发展，媒体融合也将不断深化发展，天译科技仍将继续跋山涉水，不断推进融媒体气象服务高质量发展，在媒体融合的时代大潮中，交出一份让公众满意的气象答卷。

谨以此书，记录我们在推动气象媒体融合之路上的探索与实践，抒写我们对气象服务事业的热爱与努力，更表达我们诚挚的感激：因为天译科技在前行的路上，离不开中国气象局、华风集团的大力支持，也离不开气象系统内各部门以及媒体同行的积极配合。诚挚希望本书能为气象同行、媒体同行带来更多的借鉴和参考。路虽远，行则可至，事虽难，做则可成，在气象媒体融合的发展之路上，我们仍将一往无前！

刘轻扬

2023 年 7 月

融变

——“中国天气”媒体融合探索与实践

CONTENTS 目 录

中篇 器变

——强化创新驱动，实现技术融合

下篇　融变

——强化协作联动，促进经营融合

融变

——“中国天气”媒体融合探索与实践

上篇　道变

——强化内容创新，需求引领融合

第一章

“中国天气”媒体融合创新发展*

在中国，天气预报的重要地位无须多言，毛泽东主席曾经指示：“气象部门要把天气常常告诉老百姓。”曾几何时，晚饭后一家人围坐在电视机前收看《新闻联播天气预报》，是几代人的生活习惯。2008 年 7 月 28 日，中国天气网正式上线，作为中国气象局的官方气象服务网站，其日均浏览量在国内生活服务类网站排名第一，国际气象网站排名第三。能做到以上的成就，充分体现了公众对气象信息的需要，以及对我们提供的气象服务内容的认可。在千万个普通家庭中，天气预报不但决定着一家人第二天穿什么衣服、未来几天的出行安排，也决定着农民对农事、农时的具体安排，以及一些涉及户外作业岗位企业的生产调度。

在媒体渠道尚不发达、信息表现形式单一的 20 世纪，我们的气象服务内容通过报纸、电视、电台等渠道传播，信息量少且单一。进入到 21 世纪，电脑、手机短彩信、WAP（无线应用协议）网站的出现增加了气象服务信息的传播渠道，也丰富了气象服务的内容和表现形式。进入 21 世纪的第二个 10年，一方面，两微（微博、微信）、自媒体快速发展，短视频、直播开始普及，公众获取气象信息的途径和习惯发生了巨大变化，气象服务的内容呈现爆发式的发展，形式也变得丰富多样；另一方面，人类社会进入了信息爆炸的时代，个人接收的信息严重“超载”。我们的气象信息该如何从海量的新闻资讯、娱乐

* 本章由张寅伟执笔。

信息中脱颖而出，占据用户的手机屏幕，精准服务到用户呢？作为电视时代和互联网时代的气象服务龙头媒体和平台，中国天气频道和中国天气网面临着严峻的挑战。

与此同时，党中央推动媒体融合向纵深发展，“中国天气”迎来了重大的转型发展机遇，天译公司是由100人构成的影视、新媒体专业团队，具备全业务流程的媒体内容策划、包装制作和传播运营能力，是媒体融合的核心力量。同时，发挥好天译公司气象分析师团队的气象专业背景优势和专家指导把关作用，利用好中国天气网、中国天气频道多年积累的基础数据、业务平台支撑能力、IT（互联网技术）团队技术保障和融媒体演播室等资源，“中国天气”将在媒体融合时代焕发新的生机。

坚持“内容为王”。媒体融合时代内容为王，只有做优做强内容，才能凭借高品质的服务内容赢得用户的认可、获取流量、提升“中国天气”品牌的权威性和影响力。天译公司深入分析、挖掘“中国天气”优势内容资源，推动媒体服务内容从业务向产品转变，经过包装分类、优化升级，重磅推出“中国天气”产品名录，形成系列化、产品化的媒体服务产品，并不断探索产品的商业运营。

重视做好顶层设计。“中国天气”作为中国气象局公众服务品牌，一直牢记“天气通讯社、百姓贴心人”的服务宗旨，服务内容紧扣气象人的初心使命，第一时间，权威发布，传递气象服务正能量，传播“中国天气”好声音。“中国天气”秉承“重要天气过程不错过、灾害天气不放过”的服务理念，做好天气服务报道和防灾减灾科普服务，努力践行筑牢气象防灾减灾第一道防线。

坚持一体化发展方向。通过组织架构调整、采编发流程优化、融媒体业务平台再造，完成各种媒介资源、生产要素有效整合，实现中国天气频道、网站、新媒体业务资源集约共享、信息互通，流程高效、催化融合质变，放大一体效能，天译科技打造了几支有战斗力、有创新能力的新媒体图文生产运营，短视频直播、气象分析等方面的队伍，推出了一批接地气、有特色、有影响力的原创爆款产品。

坚持移动优先策略。一方面，着力打造好移动端产品，创新服务方式，努力做到所有“中国天气”服务内容策划、研发向移动端倾斜，全部图文、短视频产品适配移动端显示；另一方面，加强两微、自媒体平台的“中国天气”媒体矩阵建设，强化自媒体平台账号运营。“中国天气”自媒体矩阵现已覆盖微博、微信、抖音、快手等主流自媒体平台，共计开通账号 53 个，全平台账号粉丝数超过 1350 万。

近年来，随着媒体融合的深入推进，“中国天气”的媒体服务内容广受用户好评，得到主流媒体的认可，频繁被党媒、央媒转载引用。经过 5 年的实践探索，“中国天气”品牌影响力不断提升，传播力不断扩大，成功走出了一条独具特色的气象服务媒体自己的融合发展之路。

第二章 气象信息服务方式的创新融合*

一、做有“温度”的气象服务

1953年4月11—13日，华北和黄淮地区遭遇了百年难得一见的强寒潮袭击，华北、黄淮地区出现大范围严重霜冻。当时正处于小麦拔节之际，寒潮霜冻突然来袭，广大农民猝不及防，河南、河北、山东、山西和安徽等地受灾非常严重，粮食减产数十亿斤[①]，仅冬小麦就减产了50亿斤，造成的经济损失更是不可估量。

这次霜冻损失严重，影响大，波及范围广，成为新中国成立以来最大的霜冻灾害。霜灾爆发后，毛主席和中央领导人高度重视灾区人民群众和农业生产。毛主席举一反三，为了避免日后老百姓无法及时预防突发恶劣气象灾害，他特意作出指示：

“气象部门要把天气常常告诉老百姓。”

正是毛主席的这15个字，拉开了中国气象信息传播走向人民群众的序幕。

气象信息的传播是为人身安全、财产安全、粮食安全提供保障的重要手段之一。伴随广电网、通信网、互联网的“三网合一”，气象信息的传播得到飞速发展，传播渠道也从传统的报纸、电视、广播、电话等媒介迁移至各类移动

* 本章由胡啸、赵倩、邵鹏、刘晨、王妍、蒋森伟执笔。

① 1斤=0.5千克，下同。

终端，气象信息服务的创新在此时显得尤为重要。

“中国天气”是中国气象局为公众提供气象服务的品牌，同时也是气象信息服务创新的“领头羊”。2016年起，世界气象组织呼吁在气象服务过程中，除了针对气象预报自身，也要加强对气象过程所造成的影响进行服务。为此，“中国天气”除了在“会怎样”上努力，也在“怎么办”上狠下功夫，依托强大的气象信息分析能力和大数据处理能力，形成了“中国天气”特有的气象服务体系。

二、做有“深度”的气象服务

气象相关数据本就是海量的，如何综合利用好海量气象数据在气象信息传播中至关重要。

（一）让“1+1”大于“2”

1951年，气象部门开始建立全面的气象数据库，至今已有70多年的时间。累积70余年的气象数据，是极其重要的气象资料，同时也是天气气候选题中重要的原始资料。近一两年来，中国天气网一直致力提升“中国天气”数据资源以及核心服务能力。通过研究发现，气象部分的传统数据和数据分类方式已经无法有效地满足中国天气网对外的服务能力。此前，中国天气网只是作为一个媒介，扮演了数据搬运工的角色。但是随着服务用户需求的变化以及大数据时代的到来，“中国天气”将数据源融合，把不同时空尺度的数据纷纷结合到了一起，同时利用多源数据融合技术进行数据二次加工，对接用户需求，把数据变成产品，并进行规范化、标准化的输出，方便下游用户分辨和使用。如站点实况与格点实况并成一张网、小时预报滚动更新，这些都影响着全天的天气总结、气象卫星云检测有效订正自动站降水等。不同数据源因为服务的需要慢慢结合到了一起，形成的效果也让天气服务在数据应用层面开拓了新的思路。

（二）让数据“说话”

“中国天气”关于气候或节气的选题利用了大量的历史气象数据，而在气象数据的选用过程中，二十四节气、三伏、三九等中国传统的时令和节气成为“中国天气”气象服务团队在分析中的重要标尺。“三九冷不冷？三伏热不热？这个节气气候特征如何？”这些服务内容的传播，都可以通过历史的大数据进行总结。

不仅如此，这些数据还成为全球气候变化的佐证，成为气候选题的来源。“过去 3 年是有气象资料以来最暖的 3 年，过去 10 年是有气象资料以来最暖的 10 年”，这些与气候相关的表达和结论都是基于数据资料分析得出，详尽的大数据处理，使服务内容更具权威性。

为了让公众能看得懂、用得好气象数据，“中国天气”的气象研发团队和互联网技术团队为气象服务带来了更多的可能。他们充分了解天气原理、气象数据的特殊性，同时拥有处理各类数据的技术和工具，在保证天气学原理的基础上应用主流和先进的互联网技术，实现全链条气象数据的快速解析、处理和加工，包括但不限于气象观测站观测、探空、天气雷达、气象卫星、报文以及 MICAPS（气象信息综合处理系统）等不同格式的不同时空尺度的数据并发处理。“中国天气”利用技术手段突破存储资源、计算资源的瓶颈，在数据产品准确性和可用性暂时无法明显提升的现状下，通过技术实现服务效果和用户满意度的提升。例如，利用分布式加工平台实现 1 千米格点预报数据的分区降尺度和再融合，明显缩短了高分辨率数据加工处理时间；利用接口实现不同时空尺度的数据融合，数据使用者无须花费太多时间去学习气象数据的解析应用。此外，前端、后端不同技术的融合也实现了数据同时以图形、图表、图文或者视频等不同媒介展示的可能，将数据可视化，让数据自己开口说话，为公众提供实时、动态、直观的气象数据服务方式。

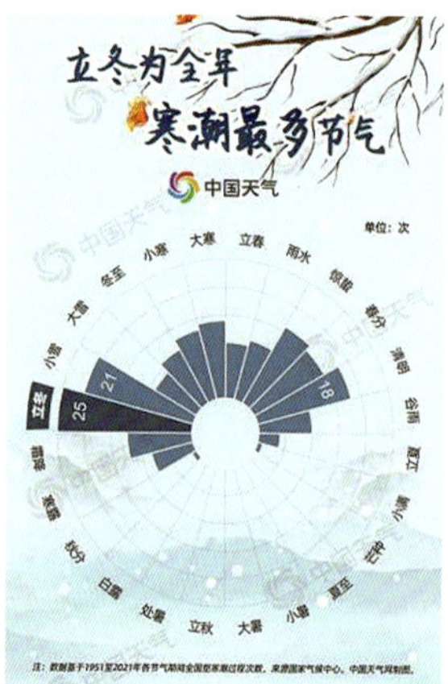

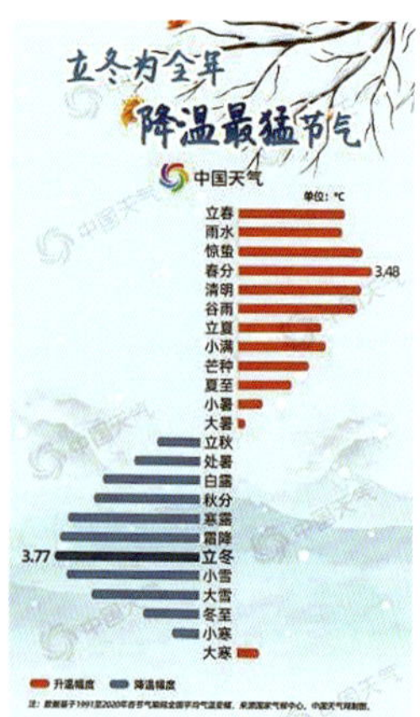

大数据呈现立冬节气

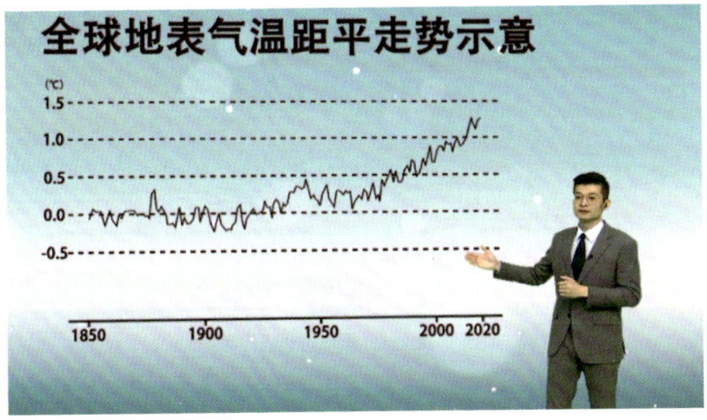

全球地表气温距平解读

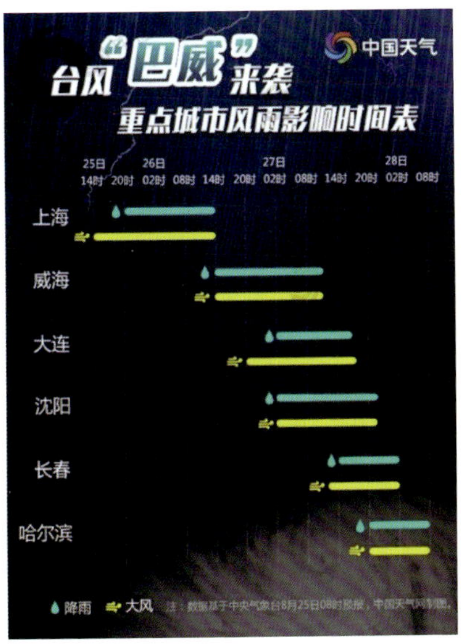

台风“巴威”重点城市精细化预测

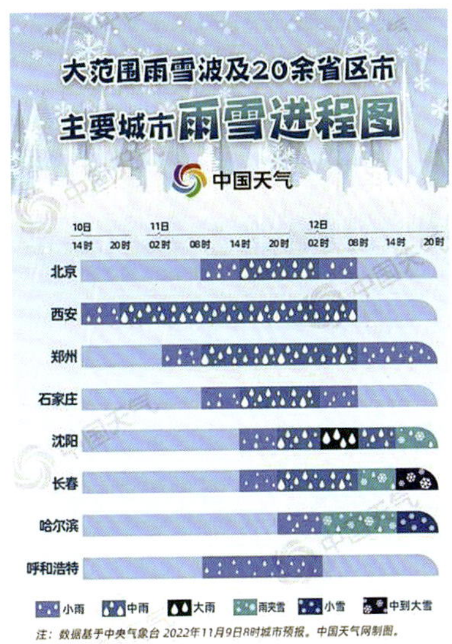

2022 年 11 月大范围雨雪转换深度分析

（三）做数据的“翻译官”

近年来，打破极值这一短语在气象服务中频繁出现。为了提示重要天气过程的发生发展，气象分析师会将天气过程中出现的气温、降雨量等数值与历史极值进行对比。通常情况下，突破历史极值是很难发生的事情。但近 10 年来，全球变暖加剧，极端天气频发，突破旬、月、年极值的天气频繁出现。分析师团队和研发团队根据近年来天气特点，开发了基于新技术构建的气象信息服务系统“译数”。强大的服务系统支持使得突破极值的情况有迹可循。在预

中国天气

2021-1-6 已编辑

温暖有你一份，一起帮助寒冬困境中的TA们

【-17.1℃！#北京气温刷新21世纪来最低纪录# 持续低温将超一周】1月6日18时31分，监测显示，北京南郊观象台气温跌至-17.1℃，打破二〇〇〇年以来北京气温最低纪录，目前，北京气温仍在继续下降，北京市气象台预计，今天夜间，北京最低气温或达-19℃。另外，今天一直到13日，北京气温都将持续偏低，夜间最低气温均在-10℃以下。

为什么这次寒潮过程北京会如此之冷？都“冻透了”，北京为什么还是不下雪？

据中国天气网气象分析师王伟跃解释，在受到2020年末寒潮影响后，北京整体气温处于偏低水平，尽管元旦假期期间气温略有回升，但仍然比较低迷。此次寒潮来袭，低空的冷气团更加寒冷，使得本就低迷的气温更是“雪上加霜”，而且在降温的同时伴随大风天气，风寒效应明显，因此人们会感受到比实际气温更加“彻骨”的寒冷。

都这么冷了，为什么北京还是没有降雪？王伟跃分析，降雪的出现需要空气中有凝结核、水汽条件、动力条件和低温等因素共同作用，此次寒潮过程，北京没有暖湿气流的输送，水汽条件差，因此雪花便不会“光顾”。

中国天气网提醒公众，务必在此期间多关注气象部门发布的预报、预警信息，及时添衣保暖，出行时做好防风、防冻措施，避免感冒等疾病的发生。收起

重要消息

1644 1553 7871

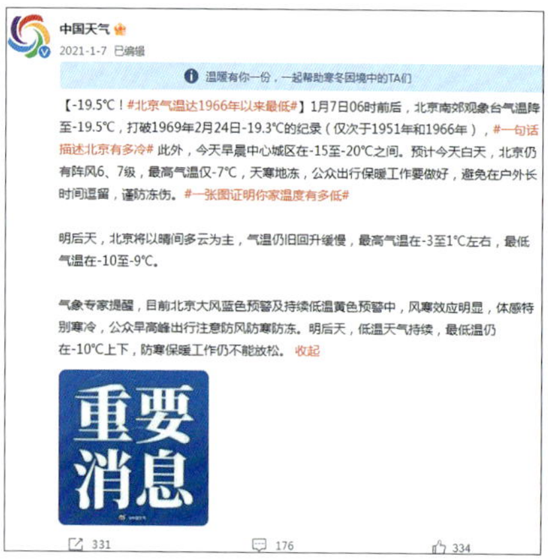

中国天气

2021-1-7 已编辑

温暖有你一份，一起帮助寒冬困境中的TA们

【-19.5℃！#北京气温达1966年以来最低#】1月7日06时前后，北京南郊观象台气温降至-19.5℃，打破1969年2月24日-19.3℃的纪录（仅次于1951年和1966年），#一句话描述北京有多冷# 此外，今天早晨中心城区在-15至-20℃之间。预计今天白天，北京仍有阵风6、7级，最高气温仅-7℃，天寒地冻，公众出行保暖工作要做好，避免在户外长时间逗留，谨防冻伤。#一张图证明你家温度有多低#

明后天，北京将以晴间多云为主，气温仍旧回升缓慢，最高气温在-3至1℃左右，最低气温在-10至-9℃。

气象专家提醒，目前北京大风蓝色预警及持续低温黄色预警中，风寒效应明显，体感特别寒冷，公众早高峰出行注意防风防寒防冻。明后天，低温天气持续，最低温仍在-10℃上下，防寒保暖工作仍不能放松。收起

重要消息

331 176 334

“中国天气”精准预测北京1966年来最冷一天

报服务和实况展示中，气象分析师可以快速准确地开展服务，通过数据来提高公众对天气过程的认知程度，从而获得更有效的传播。2021年1月7日，北京南郊观象台最低气温达－19.6℃，突破1996年来的最低值。在此次服务中，气象分析师团队针对寒潮过境北京的时间，对晚高峰前后的天气时况作出精准预判。当日傍晚，在气温打破历史最低值的5分钟内，资讯全网首发，在短时间内获得了极高的传播效果。对极值的准确预报、实时监测，体现出“中国天气”媒体融合后对数据的极高敏感性和对数据处理的极致。

此外，为了更好地指导公众生活，气象分析师团队在应用数据的过程中通过融合使之体现在更多地图产品上。通过研判天气过程，分析师针对公众的生活方式细分数据，在不同季节、不同时段提炼高影响天气要素，将最高气温、最低气温、平均气温、天气现象、相对湿度、风力风向等要素进行不同组合和阈值设定，制作更加贴近生活的地图产品。截至目前，“中国天气”针对不同天气和生活场景研发了近30种生活预警地图。例如，在秋冬季节综合气温、湿度、风力、天气现象等要素研发的《秋裤预警地图》，以及根据风力、天气条件、降水等气象要素研发的《花粉过敏预警地图》等，都获得了很好的传播效果。

三、做有“广度”的气象服务

“中国天气”在日常的气象服务过程中，针对科普也进行了深入的工作。在日常媒体的气象信息服务中，经常出现诸如“副热带高压”“南支槽”“大陆高压”“平流层爆发增温”等专业气象词汇。这些气象专业名词和术语往往令人一头雾水。为了让气象服务信息和内容更加通俗易懂，“中国天气”不断拓展科普形式、丰富科普内容。近两年来，科普方式呈现出由硬科普到借势科普、科普内容由文字解读到科普图形转变的趋势。科普本身就是把生涩难懂的科学道理展现为简单、通俗的表达。目前，气象服务团队会针对天气特点本身，从中寻找科普点，借实时天气进行科普解读。例如，在北方强降雨过程中，为公众科普“七下八上”；在南方高温肆虐时，为公众科普“秋老虎”，让公众在了解天气的同时，进而了解天气背后的原理，真正使科普做到深入浅出，有效提高“中国天气”气象服务的广度。

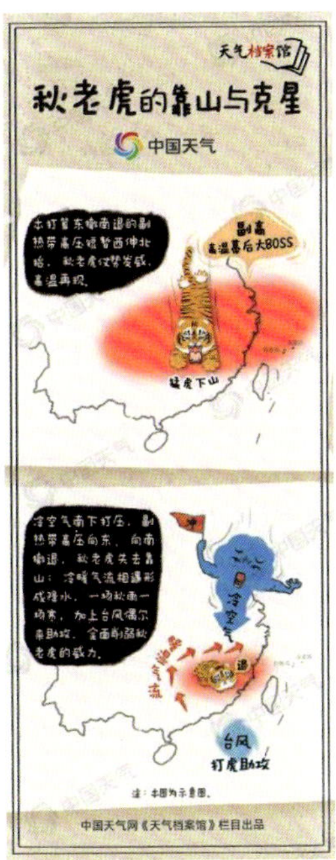

《天气档案馆》之秋老虎

《天气档案馆》之华北雨季

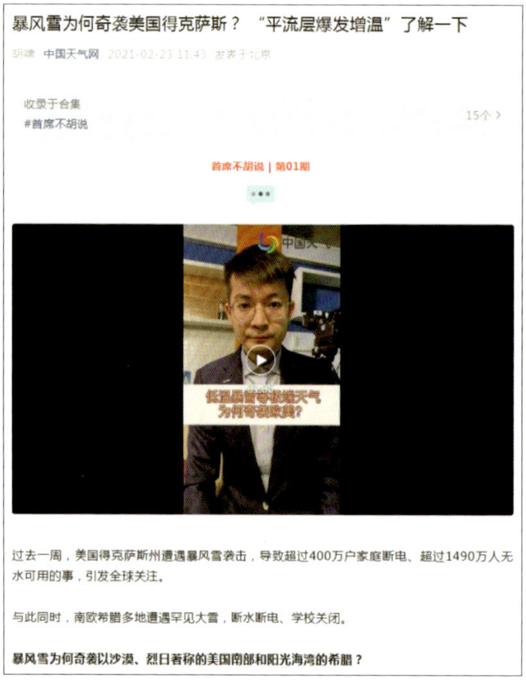

解读暴雪袭击美国德克萨斯州

天气除了影响公众日常生活、出行，也会对很多特定行业产生影响。因此，气象信息在传播过程中经常会与各个行业结合。例如，服装行业会考虑到天气冷暖变化，农事生产会关注雨水多寡变化等。“中国天气”在日常媒体服务中努力寻找气象与其他行业的结合点。在解读高影响天气现象的同时，“中国天气”逐步形成了服务于民众生产生活，全面、精确的天气预报、灾害预警等气象服务。例如，在蚊虫最为活跃的夏季，根据气温变化和降雨变化准确发布蚊虫叮咬的提示；在冬季，结合冷空气活动情况及时发布供暖预警提示。此外，农业服务领域，在春播、夏收夏种和秋收的关键节点，“中国天气”及时梳理敏感气象要素，在做出有针对性气象服务产品的同时，也实现了“气象＋内容”的广泛传播。

总体来看，“中国天气”融媒体平台功能逐渐完善，作为媒体气象服务的中枢，气象信息的服务方式也有了长足的进步。在媒体快速变革的背景下，“中国天气”的梳理、归纳、总结、传播、引导功能有了显著增强，特别是在创新领域。我们本着做有预期的气象服务，不断深挖数据、融合行业发展，并借势、借力，做好科普工作。“中国天气”现已形成一张全媒体、全平台、全天候、全类别的气象信息服务网，更加高效、接地气的各类气象服务产品如雨后春笋般应运而生。人们对美好生活的追求永无止境，气象服务的创新不会停下脚步。创新路上，“中国天气”将继续努力。

第三章 气象分析师团队打造*

一、气象分析师的发展融合历程

（一）气象分析师成长阶段

2000 年开始，中央电视台天气相关节目中一批非播音主持专业出身的主持人踏入荧屏。突出的风格、专业的讲解，譬如法律专业的撒贝宁、经营学专业的朱迅等，他们既有媒体镜头的驾驭能力，又有相关专业的赋能，让人眼前一亮，得到观众的认可。

中央气象台启用其他专业背景主持人的成功经验给气象行业媒体带来了启示，气象信息和大众生活息息相关，但专业门槛和壁垒较多，很多专业知识很难在短时间内掌握，气象分析师这个职业便应运而生。气象分析师团队的出现不是偶然的，是随着社会的发展、各行业对于气象专业领域深度探索的进一步提升、对于气象公众服务节目更加专业化的需求而诞生的。

2007 年，第一批由华风集团和中国传媒大学联合培养的既有气象专业背景，又接受过电视出镜培训的气象分析师，毕业后直接来到全国最权威的气象影视制作单位——华风气象传媒集团。此时恰逢中国天气频道成立一周年，24 小时的直播内容需要大量人员支撑支持，顺理成章这里成为分析师团队历练的

* 本章由周颖、张娟执笔。

气象分析师周颖《朝闻天下》出镜节目

气象分析师王天奇 CCTV 出镜节目

第一站。在这里，分析师团队经过天气频道大量直播、视频、新闻多种气象节目的淬炼，拥有了在镜头前轻松自如、自信流畅的表达，掌握了镜头后节目制作流程、策划、编辑等多方面的技能，而这部分技能是此前很多幕后工作的气象专业人员所欠缺的。

2010 年分析师组团来到气象编导部进行专业技能的提升。风、霜、雨、雪每一种天气现象背后纷繁复杂的背景成因等，都为分析师提供了大量学习资源以及高效的学习平台。随着专业技能以及出镜效果的提升，2016 年开始，分析师的服务范围逐步扩大，包括幕后大量天气信息的分析整理发布，出镜平台也从中国天气频道拓展到了央视 1 套、4 套、13 套、新华社等大量公众平台，并得到了合作单位的良好反馈，受到了观众的喜爱。

（二）气象分析师在新媒体冲击下的融合发展

2019 年以前，承载公众气象服务节目的主体依然是传统影视媒体，但自 2019 年起，随着抖音、快手等短视频软件的日活量越来越高，公众气象服务节目面临着阵地、内容、天气信息、人员等诸多因素的融合。为了能更好地顺应媒体融合的趋势，为公众提供更加全方位的气象服务，分析师团队重新整合队伍，形成了一支既有老面孔又有新血液，既有过硬的经验也有新鲜视角的团队。借助极具战斗力的全媒体气象服务矩阵，分析师团队的气象服务栏目覆盖电视、网络、手机客户端等多种平台，打造并推出了多个极具个性的网红分析师 IP。

气象分析师团队

二、媒体融合过程中气象分析师如何发挥更大作用

（一）新媒体环境下气象分析师的职责

随着各类新媒体的崛起，气象分析师提供服务的媒介不仅局限于传统媒体，网络端、移动端对于信息的要求更为具象化：数据类的要及时精准、形象类的要鲜明独特，这有别于传统媒体。在多种平台纷繁复杂的需求下，分析师的职责与作用必须更好地适应新环境及时响应行业政策，改变原有流水线、流程化、模式化的服务模式，一人多能，一人多专，围绕基础核心能力——天气信息分析预判，同步提升行业服务拓展、气象数据智能化研发、个人 IP 打造

等多种能力。分析师团队在媒体融合过程中，承担的职责也从原有对某档传统电视节目点对点的服务，扩展到了兼顾公众气象服务与经济效益下更广更深的支撑模式。

（二）管理制度与业务流程双创新

为了让分析师团队更好地转型，适应媒体融合过程中不断变化的需求，分析师团队在新环境中调整工作职责，通过定向性岗位工作梳理、流程重建，重新制定了工作考核制度，设计了基于融媒体形势下全新的管理制度和业务流程，从而为提高分析师团队工作积极性奠定基础，并有效激发团队创新意识。针对分析师的特殊工作性质，“中国天气”开启气象驱动媒体产品的服务流程，全年重大过程百发百中，气象信息策划先行，有效提高气象公众服务产品的及时性，为产品质量、深度与广度提供强有力支撑。针对新媒体中气象服务个性化需求，“中国天气”通过创新的机制激发团队创新意识，将绩效与工作的质、量、市场响应、创新能力等多个方面挂钩，积极提升分析师在各方面的能动性；结合天气分析师个人擅长领域，细化天气分析师赛道，打造个性化个人IP。通过这种方式，既能丰富天气产品，又可弱化内部赛道形成内卷竞争；同时，还可激励分析师持续在各赛道深耕，打造有影响力的个人形象，形成个人与团队携手共进的良性循环。

三、气象分析师团队产品介绍

（一）三维立体天气信息服务模式

媒体融合过程中，气象服务在平台、时效、形式、内容各方向的需求都有别于传统媒体。为利用有限人员满足不同需求，并实现服务效益的最大化，“中国天气”分析师团队在日常服务中形成了一套三维立体式信息服务模式：以气象信息解读为核心，大数据统计分析、气象专业知识储备、常年媒体服务经验、直播实时出镜能力等为辅助的三维立体的气象信息服务模式，为不同媒体平台提供更有针对性、侧重点的气象服务。比如，图文类媒体更钟爱数据分析、专题采访类的题材，视频类媒体更倾向于时长较短、直观易懂的信息服务；直播产品中，平台更关注现场的专业解读、成因分析、未来发展等方面。同一个天气过程，基于不同媒体需求，气象分析师团队形成了这种特殊的服务模式。在2021年台风“烟花”服务中，“中国天气”“烟花”媒体产品总浏览量超11亿。气象分析师全程参与视频直播，给出最为专业权威的解读和独家的气象产品服务，实时报道最新路径位置以及未来发展走势；针对台风登陆、风雨加大等关键时间点进行了深入详尽的专业分析，配合内容生产部门完成数篇独家专访，包括《“烟花”或致长时间极端降雨　浙江的雨会堪比河南特大暴雨吗？》《刚刚！台风“烟花”登陆浙江舟山　江浙沪等地将遭持续性强风雨》《又登！台风“烟花”在浙江平湖二次登陆　华东地区将遭遇风雨潮齐袭》等。另外，各类传统合作媒体也是传播气象服务信息的重要支撑渠道。“中国天气”气象分析师在央视《晚间新闻》栏目、央视《朝闻天下》栏目、东方卫视、北京新闻广播节目中均对台风进行了详细解读。

气象分析师胡啸多平台出镜解读台风“烟花”

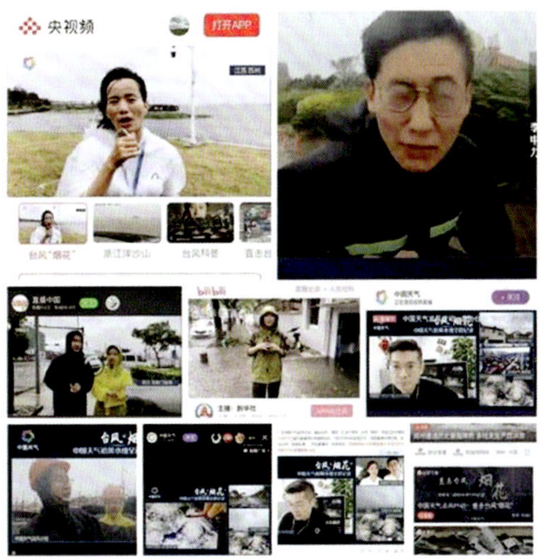

气象分析师现场出镜多平台直播台风“烟花”

（二）气象数据智能化研发产品

近年来，媒体对于气象应用越来越广泛，气象分析师对于天气大数据挖掘的作用也随之显现。气象数据挖掘的应用具有权威性、可视性、易懂性的特点，是分析师提升节目品质和丰富表达方式的重要手段。以气象数据如何高质量发展为主线，气象数据智能化产品的打造成为分析师团队近年来深耕细作的另一大方向。在媒体融合的3年中，分析师团队与“中国天气”技术开发团队共同设计出符合受众需求的气象App、及时准确温馨的自动化文字语音提醒，以及适应新媒体环境快速响应的气象信息处理系统三大类产品。

团队从2019年开始着力研发天气智能服务提示产品，依托于分析师多年公众服务经验，以解决用户需求为目标；应用NLP（自然语言处理）技术，形成基于用户需求随时间滚动更新、提示要素灵活变化、服务语言多样的智能气象提示产品。目前，多款产品已应用天气管家、手机QQ、支付宝等客户端。此类产品基本属于文字类的气象信息，其灵活多变的风格、可定制的模式、多要素的综合判断，提升了气象数据应用的智能化，为团队带来了相关经济效益。

另外一款产品是随着公司业务发展、融媒体平台建设的需求，基于分析师内部业务使用的实际场景，与技术部门联合开发的气象信息处理系统。此系统具有一定的超前性，集日值数据处理模块、极值提醒查询模块、气候均值在线交互制图模块、年内气象数据提示模块于一体的气象信息处理系统。4个维度完全可以覆盖气象媒体服务的所有场景，处理过后的数据以及图形可大力支撑行业气象服务，极大地丰富了气象数据产品。

（三）天气分析师IP产品

有别于传统媒体，新媒体中个人IP更鲜明更灵活。在新媒体特别是视频平台中，分析师团队基于个人风格，持续不断打造分析师的个人IP。目前，共有《首席不胡说》《了姐涨知识》《超人妈妈报天气》《准虚拟主播》《风云古谈》5个IP产品，分别覆盖了专家解析、热点跟踪、母婴行业、二次元、古风探秘5个赛道。其中《了姐涨知识》各平台历史播放量达1.0287亿。《超人妈妈报天气》是于2022年推出的亲子类天气产品，是以动画方式，结合气象分析师张娟的个人特点，为宝妈们提供周末亲子出行活动所必备的天气信息的视频类节目。《准虚拟主播》在B站（哔哩哔哩）中颇具人气，主播“阿准”在每周一、周四固定直播，重要天气过程中短视频的适度制作都为“阿准”在B站上成为天气虚拟第一人奠定了基础。

四、未来团队的作用

经过了10余年的发展，气象分析师团队在气象服务的舞台上逐渐找到了自己的定位，也发挥着越来越重要的作用。未来随着媒体更深度的融合，分析师需要同步关注传统电视端媒体与新媒体端不同的需求，深耕大数据挖掘，提供高质量的气象信息服务。

未来，“中国天气”气象分析师团队将树立权威形象，解答大众对天气服务的疑问；紧抓社会热点，及时“蹭热度”，扩大传播影响力；扎根气象科普，增加群众对气象认知的兴趣，提升群众防灾减灾意识；在不同赛道中进一步打造IP人设，通过短视频和视频直播实现跨界合作，将高质量的气象信息服务效益化，实现社会效益、经济效益双盈。

第四章
“气象服务 +”的创新研发*

一、“气象服务 +”创新服务模式

（一）“天气 +N”模式探索

“中国天气”的服务内容相当广泛，涉及人们生活、生产的各个方面。想要贴近吃、穿、住、行以及各行各业做好气象服务，需要我们的气象数据与其他数据进行融合。我们在服务之前需要做充分、大量的调查研究工作，把真正影响用户的天气弄清楚，走进农田、食品加工企业、新能源汽车、建材行业、球场雪场……充分感受天气、气候给我们的用户带来的各种直接、间接的影响。将气象数据与行业数据进行或深或浅不同程度的融合，在不同火花碰撞的过程中，让用户发现惊喜，“原来气象数据的某种变化在生活生产的各个环节产生了某种连锁反应，而中国天气网精准地把这种影响抓住了”，从而为他们带来更满意的服务。

（二）数据让时空不再有隔阂

现在的气象服务产品明显产生了由单一、单纯向丰富、综合的转变。过去如果想要描述某种天气过程的发生发展和演变，往往需要调用不同的数据源，每一种数据源都对应一道加工处理流程或一款产品，从而造成产品纷繁杂乱。

* 本章由赵倩、邵鹏、刘晨、王妍、蒋森伟执笔。

这种情况在天气专题中经常出现，一个专题内容的策划往往涉及长时间序列、多种类数据的聚合。如果数据时空跨度大，那么一个天气专题从策划到成形就需要耗费很长的时间，也往往由于数据的局限性和复杂性，不能很好地将地域进行划分；而我们将不同时空的数据融合在一起就能很好的解决这种问题，对整合后的数据进行自动化程序处理，从而快速地实现核心数据的产出，减少专题制作时间。利用信息化、大数据、云计算等先进技术，深挖气象数据价值，抓准公众对天气短时临近影响和中长期观望的两大核心需求，让数据“说话”，用科技创新赋能气象服务品质提升。气象分析师在传统天气预报的基础上，结合过程特点拆分预报要素，细化预报服务，利用公众在互联网中最容易接受的时间线的方式，进行有效传播。特别是在台风的风力、降雨服务以及雨雪到来时的进程服务过程中，此方法最为有效。在精细化的传播方式中，公众可有效获得针对自身重大天气过程的起始时间和核心影响时段，有效提升了公众对天气影响的全面了解。

二、气象数据服务产品研发

随着社会发展，各行各业对于气象服务的需求也越来越多。当前的气象观测数据和预报数据虽然在一定程度上能够满足公众服务的基本需求及个别行业的初级要求，但是要想增加用户黏性、扩大用户范围，就必须在此基础上进行二次开发，重视“气象 +”服务产品的研发，真正把气象服务融入到生产生活中。

（一）让气象信息“活”起来　化身公众贴心助手

针对公众用户，我们需要把专业、枯燥的气象数据与大家的日常生活结合起来，直接把气象数据加工成对公众日常生活有直接指导或指示价值的产品。比如“气象 + 出行”可以衍生出穿衣、防晒、洗车等指数产品，“气象 + 运动”可以衍生出晨练、夜跑、广场舞等指数产品，“气象 + 健康”可以衍生出感冒、中暑、血压等指数产品。这种指数类的气象服务产品，可以是基于单个气象要素的，比如防晒指数就是通过对紫外线划分等级来实现的；也可以是多个气象要素的融合，比如穿衣指数就是基于天气状况、温度、湿度、风速等多要素，通过相关研究算法加工而成。

除了指数类产品外，还可以通过对气象数据进行包装和计算，开拓新的应用领域，比如把气象数据与生日结合起来，就成为了"生日天气"；把气象数据与节气结合起来，就成为了"节气天气"；把气温与季节结合起来，就成为了"入季产品"等。

另外，随着人工智能和语音交互的发展，公众获取气象信息又多了一种更为便捷的方式："气象+人工智能"催生出的智能气象播报服务产品。仅依靠简单的指令或口令就可以获取所需的气象信息，正逐步成为当下社会获取信息的主流方式之一。

要实现智能播报，首先要实现智能成稿，那么就需要以气象信息和公众需求为基础，开发相应的气象服务提示语。为了使成稿流畅，提示语的基础逻辑必须清晰明了、分类明确，以保证文稿不存在信息重复、矛盾或衔接生硬等问题，且文稿气象信息要丰富多样、贴近用户需求。

除了在产品种类上要多加创新外，提升产品的精细度和精准度也同样需要被重视。如增加实况产品的更新频次、提升格点产品的空间分辨率等，目的是为了保证气象服务的时效性和价值，从而让用户对气象服务产生黏性和依赖。

总之，无论是提高服务频次、精度，还是丰富产品的种类和样式，对于公众气象服务产品的研发而言，都要从单调、晦涩、枯燥、普适不断向多元、通俗、有趣、精准的方向发展和创新；所研产品也要适用于在多种媒介上传播，让公众能时刻获取到最新的气象信息，真正做到百姓的贴心人。

（二）让气象信息"专"起来　变身行业贴身护卫

对于行业用户来说，除了基础的气象信息服务产品外，更要去挖掘气象与行业的深度关系。比如同样是气温，对于燃气公司来说，可能更关注冬天冷不冷、相比常年有多冷，因为这关系到他们需要提前采购多少燃气用以储备；而对于冷饮行业来说，则更关注夏季热不热、相比常年有多热，因为这关系到他们的排产计划和销售计划。再比如降水，对于水库来说，关注的是会不会有强降水，因为这关系到是否要提前泄洪，保证水库安全和正常用水；而对于工程建设来说，关注的是什么时候降水少，因为这关系到什么时候开工合适，如何安排工期。

当然，对于大部分行业来说，都不会是简单的一种气象要素就涵盖了所有的天气影响，反而不少行业在整个生产链条上都会受到多种天气的影响。以农业为例，新品种适播区的选择就需要参考当地历史气候条件；作物从播种到成熟不仅要考虑光、温、水、气的最适组合，还要预防冰雹、渍涝、干旱等气象灾害；作物灌溉、喷药、晾晒也都要在合适的天气条件下进行；农产品存储和运输也受到天气的极大影响。究竟哪个阶段哪些气象条件影响最大，需要针对不同区域不同作物进行专属分析，不可一概而论，但在研究方式和方法上可以互相借鉴。

要想做好行业气象服务，就不能脱离行业本身，需要对行业最关切的气象信息进行挖掘，具体渠道包括用户提供的信息、社会上已有的调研信息以及利用气象数据和行业数据分析得到的信息。

由于每个行业都有各自的特点，对于气象服务产品的需求也各不相同，针对具有一定普适性且服务内容比较格式化的产品，可以实现业务化。比如某气象要素的统计分析类产品，可以通过编程实现智能分析和稿件编写，不同用户只需更改部分参数或算法就可复用，可以一定程度上降低开发成本。对于定制化且内容需要人为分析的产品，则需要专业气象人士进行单独生产，开发和生产成本相对来说比较高。

总之，在“气象 + 行业”的服务领域，需要深度结合气象数据和行业数据，寻求气象对于行业的关键影响因子或综合影响因子，这个过程需要双方不断探讨、共同研究。而具体的服务产品形式可以是指数类、分析报告类、专研数据类等；服务方式可以是一次性、不定期或定期。“中国天气”力求在与行业结合的过程中不断开拓气象信息的价值边界，协助专业用户了解气象信息对于行业的重要性，同时也促使气象产品研发人员了解市场和社会的需求，找准发力方向，积累研发经验。

整体而言，无论是服务于公众还是服务于行业的气象产品研发，都要找准气象与服务的切入点和着力点、确实解决气象服务的短板和痛点，才能做好

“气象 +”产品的创新，才能让气象产品高效服务于社会，让气象服务惠及各行各业。

三、气象图形服务产品研发

“中国天气”作为面向公众的气象服务媒体，汇聚了海量的数据和图形产品。而高质量的气象图形产品是融媒体时代气象信息服务的重要载体，已经通过台、网、微、端等多种平台对外发布和传播，但由于获取的途径和加工工具方式的限制，各个渠道均是按照服务对象的不同各自独立地进行信息处理和节目生产。图形产品生产繁复且复用率低，形成了目前出现在各媒体五花八门的图形堆积。中国天气网专业图形频道使用的是外包图形加工系统生产的图形以及从上游各单位接入的图文产品，资讯频道则使用的是上游提供的标准图形以及人工设计制作的特色图形产品，中国天气频道使用的是适用于影视业务场景的单独一套产品，新媒体不同于以上环境，于是又增加了适用于新媒体传播的竖屏图形等。以上不同图形产品分别使用了不同的加工工具、数据处理算法以及模板底图等，在每一个环节当中都增加了图形产品的不一致性，同时也存在着相同、繁复的处理步骤，耗费了更多的硬件、软件资源和人力时间成本。

为了保证“中国天气”对外服务的规范化、美观性，降低人力物力成本，提高图形产品生产交工制作效率，“中国天气”需要研发一套“译图”气象服务图形产品加工系统，通过合理可行的技术路线实现不同业务应用场景、不同媒体端可应用的图形产品的一体化加工系统。

气象数据存在着独有的特殊性，因此气象服务图形产品的生产制作需要气象专业以及技术研发人员的密切配合，并在不同的天气过程中不断完善。无论是哪一种图形加工制作系统都不能做到一劳永逸。“中国天气”在过去的服务中也曾经依赖于外包公司研发的图形加工制作系统，由于图形种类、样式的局限性以及支撑服务的不可持续性造成了图形系统无法持续使用。在这种经验教训下，公司调配内部力量组成了气象服务图形产品研发队伍，着力于专业图形产品加工制作技术的研发。

通过专业图形产品研发团队近年来的技术储备和测试，“中国天气”目前已经形成了一套合理可行的技术路线并进行了业务化部署，面向于中国天气网专业产品频道、气象服务图文资讯、气象服务短视频等业务场景进行了图形产品的输出，并实时应用，可支持天气实况产品、基础预报产品、灾害预警产品和生活指数产品类型四大类图形产品。

第五章 “中国天气”产品名录*

“中国天气”媒体产品名录

党的十八大以来，以习近平同志为核心的党中央以前所未有的决心和力度推进全面深化改革，高度重视媒体融合发展工作。华风集团深入学习贯彻落实党的二十大精神、习近平总书记关于气象工作重要指示精神，加快推动媒体深度融合，坚持导向为魂、移动为先、内容为王、创新为要的指示。按照中国气象局党组的部署和要求，华风集团不断适应新兴信息技术发展趋势，进一步强化公共气象服务渠道和窗口建设，为发挥防灾减灾第一道防线作用提供可靠保障，着力推进“中国天气”品牌建设发展。

纵观当前媒体发展潮流，随着科技的不断发展，媒体的定义被不断拓宽，以智能手机为代表的新媒体革命性地改变了媒体市场和媒体环境。随着传统意义上的受众集中流向新媒体平台，融媒体改革已经成为传统媒体突破产业边界、构建新产业闭环的必然举措。

相对新媒体来说，高品质的内容生产是传统媒体的主要优势和核心竞争力。如何让优质内容适应融媒体时代的发展需求，如何让优质内容在融媒体时代实现有效传播、真正触达用户，都是“中国天气”不断思考和实践的方向。

党和国家的政策指导，媒体环境的变革，气象服务的需求，方方面面都推

---

* 本章由陈萌、覃鑫执笔。

动着“中国天气”对所有产品进行产业升级。在此背景下，“中国天气”面向市场需求，紧跟技术前进步伐，不断强化权威产品生产，持续运营，推出了“中国天气”产品名录。“中国天气”产品名录的诞生，也标志着“中国天气”的媒体产品从此有了清晰的发展脉络和重要的业务抓手。

“中国天气”产品名录下的媒体产品，主要遵循 3 条价值线：一是助力防灾减灾，7×24 小时全方位追踪灾害天气，科普防灾减灾知识，传递温暖正能量；二是积极引导舆论，在诸多网友关切的社会热点话题和重大天气事件中，积极引导，发声辟谣，勇担使命；三是关心天气更关心每一个人，从群众需求出发，深度挖掘海量气象数据，结合不同应用场景，细化和创新产品内容。

遵循这 3 条价值线，再根据系统化、品牌化、IP 化等结构性的策略，“中国天气”生产出来的媒体产品大致可以分为以下四大类 44 款。

序号	分类	产品名称
1	天气·预警	天气头条
2		生活预警地图
3		预警日报（国家级）
4		预警日报（省级）
5	天气·现场	追风逐雨
6		人在旅途
7		我的天空
8		星眼看地球
9		城市风云榜
10		天气快报
11	天气·解读	数据会说话
12		气象周报
13		中国天气预报
14		首席不胡说
15		首席有话说
16		首席说农气
17		小岛天气
18		天气解读

续表

序号	分类	产品名称
19	天气·解读	快问快答
20		了姐涨知识
21		黑坑天气
22		数据看天气
23		天气“动”科普
24		一图掌握灾害防御
25		天气档案馆
26	天气·生活	花期预报
27		花卉盛放期预报
28		景观预报
29		节气科普
30		手绘节气
31		节气气象馆
32		节气冷知识
33		“节气之最”系列科普
34		四季小厨
35		风云古谈
36		谚语研究所
37		小牛顿气象台
38		老天爷情报局
39		天晴小剧场
40		超人妈妈报天气
41		天气杯赛
42		奇怪的奥运周边
43		假期天气了姐一下
44		天气 FM

第一大类“天气·预警”的核心价值为最新的预报预警信息的权威首发和实时推送。

第二大类“天气·现场”的核心价值为第一时间、第一视角、第一现场。

第三大类“天气·解读”的核心价值为气象大数据的深度挖掘和从气象专业角度对各类天气生活事件的深度解读。

第四大类“天气·生活”的核心价值为用气象的专业服务来保障用户的美好生活，整体基调轻松、活泼、正能量。

1.《天气头条》

作为“中国天气”的拳头产品，《天气头条》全年全程在线，重大天气过程权威首发天气预警预报信息，以专业、权威、通俗的视角，进行图文、视频等多形态报道、科普或辟谣，为亿万级网友提供灾害信息服务。《天气头条》系列产品全年生产量达1.8万余条，成为媒体和公众获取重大天气信息的首选。

2.《生活预警地图》

作为全国首个将天气预报转化为公众行为指导的生活预报产品，“中国天气”系列《生活预警地图》立足气象大数据，通过独家生活指数算法，分析气象对生活的影响，让天气预报不再是简单的数字和晦涩的术语，而是给用户提供最直观、有趣、易懂的生活指南，而且创造性地将热点、槽点、情感点融入产品主线，戳中用户内心，引发传播热潮。

产品一经推出即受到媒体及公众的热烈欢迎，仅2020年就被《人民日报》、新华社、央视新闻、腾讯网等媒体转载近4000次，登上微博热搜12次，微博相关话题阅读量超15亿。2022年该产品共发布61次，在精细化健康服务、重大社会活动服务、跨行业“气象+”服务三大领域发力，创新打造了《秋裤返岗地图》《第一件短袖登场地图》《换衣预警地图》《冬奥滑雪天气地图》《道路安全出行天气地图》等19个独家产品，登上微博热搜、百度热搜等各大媒体热搜榜39次。

目前，系列已包含49个品类的预警地图，内容涵盖一年四季的各类天气，渗透吃穿住行各个方面，并支持按需进行个性化定制。

3.《预警日报（国家级）》

防灾减灾，预警先行。“中国天气”第一时间根据中央气象台发布且仍在生效中的预警情况实时制作的预警信息产品，从国家级的高度提醒全国各地最需要注意防范的灾害性天气事件。产品简明扼要、重点突出、清晰醒目，为短视频形式，运用智能语音技术播报预警内容，并搭配和预警风格一致的背景音乐，提升传播效果，助力防灾减灾。

4.《预警日报（省级）》

防灾减灾，预警先行。第一时间根据各省级气象台发布且仍在生效中的预警情况实时制作的预警信息产品，从省级的高度提醒各地（州、市）最需要注意防范的灾害性天气事件，产品简明扼要，重点突出，清晰醒目。产品为短视频形式，运用智能语音技术播报预警内容，并搭配和预警风格一致的背景音乐，提升传播效果，助力防灾减灾。

5.《追风逐雨》

《追风逐雨》系列灾害天气现场直播是“中国天气”的经典、核心品牌栏目，不仅有震撼的现场直击，还有气象专家权威、科学地进行灾害实时分析、影响预测、避险指导，带领用户进行全景式、预判式、跟进式地了解灾害天气。

2022年，灾害天气现场直播持续发力，全年共开展直播15场，总观看量近1亿。其中，2022年7月，超强台风“梅花”来袭，持续影响浙江、上海等地。“中国天气”全程追踪，国、省、市联动，调用沿海6路摄像头，派出9路追风记者，视频直播46小时，直击风雨现场，解读台风影响，实现全平台推广、跨屏传播，直播总观看量达5000万。

6.《人在旅途》

“中国天气”《人在旅途》系列直播，基于强大的气象分析预判能力，提前预报，全程跟进罕见天象，或是黄山云海、日照金山等不易准确捕捉的奇景，在最佳时机进行直播，共赏奇观。

7.《我的天空》

《我的天空》是“中国天气”实景天气服务产品，近百个高清摄像头点位分布于全国29个省（区、市），将气象数据与实景天气完美融合，用户足不出户就能通过实景天气直播、实景延时短视频、图集等多种方式，直观了解异地天气，沉浸式欣赏祖国大美河山。

8.《星眼看地球》

《星眼看地球》是“中国天气”独家以卫星监测图为主要呈现画面的短视频产品。《星眼看地球》在台风、暴雨、沙尘等重大天气事件发生时，或在重要时间节点，如汛期、年度盘点时，利用各类专业卫星气象产品，如风云四号、高分卫星、水体监测、旱情监测、闪电监测、对流监测、火情监测等，从太空角度综观天气事件发展全貌，对事件进行总体梳理与解读，从宏观上带领大家进入事件的核心。

9.《城市风云榜》

哪些城市 24 小时降水量位居全国前列？哪些城市感冒指数或空气污染扩散指数较高？各种类似问题，《城市风云榜》都可以根据国家站城市天气数据制作动态图表可视化短视频，包含 24 小时降水实况、6 小时降水实况、感冒指数、空气污染扩散指数等天气要素，展示不同城市的风云变幻，让用户第一时间了解到全国各地正在发生中的重点天气。

10.《天气快报》

大风、暴雨、雷电等天气，每时每刻正在全国各地发生。《天气快报》以天气现场画面或独家天气数据图形为主要内容，动态展示、解读天气事件，让用户能直观感受到全国各地的重点天气现场和重要天气过程，足不出户看尽天下风云。

11.《数据会说话》

2015 年，“中国天气”成立了国内首个“气象数据可视化工作室”，基于气象大数据、行业大数据挖掘和可视化制作能力，以图文、视频、H5 产品等方式，独家深度报道天气气候热点话题，发布数据新闻和跨行业分析报告。

12.《气象周报》

《气象周报》是根据当周中央气象台中期天气预报等预报相关产品及内

容，展望本周全国天气趋势的天气服务类短视频，以“轻松复古”的风格为基调。

13.《中国天气预报》

《中国天气预报》是一档基于新媒体平台推出的天气预报类视频产品，在中国天气频道播出，同时在新媒体平台以片段为单位进行传播。《中国天气预报》一改以往预报节目的严肃气息，用轻松、活泼、年轻的语态播报贴近生活的天气预报信息。

14.《首席不胡说》

《首席不胡说》以“中国天气”首席气象分析师的专业视角，在重大天气过程、社会关注热点中积极发声，解读事件。

15.《首席有话说》

《首席有话说》是围绕“中国天气”首席气象分析师胡啸打造的一档人物IP气象服务短视频栏目，旨在为用户提供严肃、权威、专业、及时的重大天气气象服务。每逢重大天气过程和重要天气转折，“中国天气”首席分析师胡啸都会从专业角度出发，抽丝剥茧，深度解读天气。

16.《首席说农气》

农业作为“看天吃饭”的行业，是受天气气候影响最大的领域之一，每一次的天气气候变化都牵动着相关从业者特别是普通农民的心。为了回应关切，助力农业防灾减灾做好气象服务保障，《首席有话说》针对农业领域开设特辑《首席说农气》，为用户提供农业专项气象服务。

17.《小岛天气》

《小岛天气》是“中国天气”品牌图文栏目，聚焦社会关注事件和气象有关流言传闻，解读这些消息背后的气象知识。

18.《天气解读》

从暴雨台风到初雪寒潮，从二十四节气到重大气象相关事件。当天气气候成为焦点，“中国天气”的气象分析师利用《天气解读》第一时间发声，传播

“中国天气”的声音。他们用专业的方式，接地气的表达，传递权威的解读，诠释天气的变化，做百姓的贴心人。

19.《快问快答》

“中国天气”《快问快答》系列短视频是记者和分析师之间的能量交锋，以热点天气为切入点，层层递进、快速问答，摒弃晦涩难懂的气象专业语言，话术通俗易懂，用适合网络传播的形式传播气象服务。

20.《了姐涨知识》

《了姐涨知识》是一款有着明显个人特色的短视频，分析师了姐风格美艳，配合幽默风趣的语言来解读各类天气热点，大到全球气候变暖、拉尼娜等气候话题，小到金瀚偶遇台风、内蒙古自治区根河的神秘光柱等偶发性天气，只要是天气热点，了姐就会快速地朝着最专业的方向进行层层解析，带领围观群众走向事件最核心的区域，破解每一个气象热点背后的百变玄机。

21.《黑坑天气》

当变化多端的天气碰到需要耐心的钓鱼运动，或静或动。“中国天气”推出《黑坑天气》系列视频节目，全面解读天气现象，气温、气压、湿度、风力等气象要素对钓鱼爱好者的影响。无论在池塘边，还是溪流中；无论在水边，还是冰层上，天气保障全方位伴随钓鱼爱好者。

22.《数据看天气》

《数据看天气》通过对气象大数据的解析，寻找天气背后的规律，以动画形式将天气与生活的方方面面相结合进行气象解读科普。

23.《天气“动”科普》

《天气“动”科普》用动画的形式，诠释气象灾害和防灾减灾基本知识。

24.《一图掌握灾害防御》

《一图掌握灾害防御》通过长图方式科普气象灾害成因、地理分布、防御要点等，重点突出，一目了然，实用易懂，可提高公众防灾减灾的意识和自救互助的能力。

2022 年，“中国天气”推出强对流、暴雨、台风等 9 期数据可视化长图，被新华社客户端、光明网、中国青年网、北青网等多家主流媒体转载。

25.《天气档案馆》

《天气档案馆》以“天气科普加油站，揭秘气象冷知识”为定位，用第一人称自白体和原创手绘的风格，为每个天气概念打造专属身份档案和故事化解读，趣味科普天气现象或系统，让气象术语不再“高冷”。

2022 年，“中国天气”上线回南天、东北冷涡、副热带高压等 8 期作品，被《人民日报》、新华社、央视新闻等主流媒体转载 110 余次，作品阅读量超 1250 万，登上微博热搜 5 次，相关话题阅读量超 13 亿。

26.《花期预报》

《花期预报》产品基于“中国天气”核心独家花期物候观测数据，气象历史及预报数据、地形海拔等地理信息融合建立独家花期算法标准，并根据临近天气进行动态人工订正，通过数据可视化形式呈现，服务人们对于美好生活的追求。目前推出的花期预报产品包括《武汉樱花预报》《婺源油菜花预报》《伊犁杏花预报》《京城白玉兰预报》等。

27.《花卉盛放期预报》

以动画形式为全国各地提供不同品种《花卉盛开期预报》服务。

28.《景观预报》

“中国天气”《景观预报》的研发基于独家气象历史、预报大数据和挖掘分析能力，融合地理信息和各类景观观赏专业信息，进行气象景观、天文景观观赏预报，拥有《星空预报》《新疆彩虹预报》《黄山云海预报》《钱塘江观潮预报》《额济纳旗胡杨林预报》《超级月亮预报》《日环食观赏预报》等 10 余种产品。

29.《节气科普》

《节气科普》以产品图和数据可视化的形式，详细解读每个节气的气候特点、养生习俗，预测节气期间高影响天气，如《清明时节都会雨纷纷吗？》《处暑节气看哪里暑热退场哪里酷暑犹存》《大雪节气你离真正的大雪有多远？》

等，常常能抓住公众关切点引发热议。

30.《手绘节气》

《手绘节气》以创意手绘的形式展现二十四节气的天气物候、习俗文化。春种夏长，秋收冬藏，在这里感受中华民族悠久的文化内涵和历史积淀，体验一年里二十四节气的周期变化。

31.《节气气象馆》

《节气气象馆》采用动画加逗趣配音的形式，通过对气象大数据进行整合分析，解读二十四节气内我国天气的发展变化和气候特点，向公众传播节气气象知识。

32.《节气冷知识》

《节气冷知识》是“中国天气”打造的气象科普类短视频产品，以传统二十四节气为单元，原创动漫人物“阿用”作为主角，介绍各个节气与气象相关的趣味冷知识。

33.《“节气之最”系列科普》

2022 年“中国天气”打造全新的《节气之最》系列科普，通过二十四节气气象大数据盘点，打造每个节气的“最标签”，并推出相关城市排行榜榜单，让每个节气的科普更具记忆点。

34.《四季小厨》

《四季小厨》的视频里不仅有你想吃的、想看的，也有你想听的、想唠的……传统美食制作。创新菜式尝试，搭配幽默风趣的身边故事，《四季小厨》带给你不同天气气候背景下的别样饮食习俗。

35.《风云古谈》

《风云古谈》是“中国天气”分析师小姐姐的古装个人秀，结合实时的天气热点，“穿越”时间，发掘古代诗词谚语、民俗轶事中的气象密码，让气象有历史，让历史有温度。那些被不经意间记录下的风云冷暖，背后其实“很科学”。

36.《谚语研究所》

自古以来，我国民间流传着很多有关天气变化的谚语。《谚语研究所》用动画的形式，从气象角度来专业解读谚语里有哪些有意思的天气现象或预兆，谚语背后又有着怎样的气象原理，挖掘天气谚语中蕴含的古人智慧，让老文化散发新能量。

37.《小牛顿气象台》

逗趣萌娃千奇百问，“讲解员”小姐姐妙趣接招，《小牛顿气象台》用小朋友们听得懂的方式，辅以卡通道具、微型小实验等形式，揭示脑洞大开的天气气候科普知识。

38.《老天爷情报局》

《老天爷情报局》开通气象热线啦！一个电话，天气的秘密都告诉你。《老天爷情报局》短视频栏目通过剧情式真人演绎，以插科打诨、通俗幽默的方式解读天气现象，阐释天气原理。通过打造“零零熙”人物 IP，引发情感共鸣，提升传播效力。

39.《天晴小剧场》

《天晴小剧场》是天气分析师天奇和小姐姐雨晴的专属科普小剧场，以情景剧的方式，用网络化的语言风格，展现更为接地气的气象科普常识。

40.《超人妈妈报天气》

周末去哪溜娃最合适？不用愁，短视频栏目《超人妈妈报天气》不但详细介绍周末天气，还会推荐哪里有美景还好玩儿的溜娃胜地。带娃出行或宅家，超人妈妈安排得明明白白。播报员为虚拟的妈妈形象。

41.《天气杯赛》

风—雨—雷—电—雪，天气变变变。哪些城市在降温、降雪、降雨等天气变脸大赛中拿下冠军？《天气杯赛》系列短视频以城市为主角，将城市天气变化通过跳水、跳远等形式进行展示，直观形象、生动有趣；同时将城市拟人化为参赛选手，提升话题性，激发网友讨论热情。

42.《奇怪的奥运周边》

“中国天气”虚拟气象分析师“天奇奇”开讲啦,《奇怪的奥运周边》专注揭秘运动与气象的秘密，让用户看完大呼“奇怪的知识又增加了”。

43.《假期天气了姐一下》

节假日到来之前,《假期天气了姐一下》以视频直播的形式播出，气象分析师了姐和其他小姐姐一起，在聊天谈笑中解读假期全国各地天气特点，分享不同天气下适合的出游地点和活动。

44.《天气 FM》

《天气 FM》是“中国天气”策划的一档基于气象大背景下的聊天类直播节目，每期一个“季节限定”，挖掘“季节限定”话题里的趣味故事或生活吐槽，引发网友共鸣，同时穿插相关的气象科普，为公众提供应急预案。

第六章 打造媒体服务核心竞争力*

一、《生活预警地图》：深挖服务场景　创新表达天气预警

天冷了，秋裤预警喊你回家穿秋裤；天热了，蚊子预警告诉你哪里将上演"驱蚊大战"。为了让天气预报更有温度，给公众提供个性化、精细化、生活化、场景化的气象服务，中国天气网更加聚焦核心内容建设，2016年开始，重点打造了爆款产品——网络化《生活预警地图》。多年来，中国天气网独家首创的网络化《生活预警地图》产品触达生活中各个场景，深受媒体和公众的喜爱；同时结合市场需求，打造更加贴近用户感受的定制化、场景化、精细化服务产品，成功实现商业变现。《生活预警地图》不仅是融媒体时代天气预报的创新表达，更是气象服务产品走向市场化运营的成功尝试。

（一）诞生：融媒体时代的创新表达　爆款来源于生活

面对经济社会高质量发展和人民对美好生活向往的精细化需求，气象服务产品日趋个性化、多元化。内容创新是融合发展的根本，也是主流媒体的价值所在。作为中国气象局面向公众服务的门户网站，中国天气网不仅是天气预报的传

* 本章由梁结梅、崔文约、刘啸、刘珺、余晓芬、杜督、张晗熙、孙茜、杨雪、谭元元、姚薇、张慧、刘文静、丁子钰、魏然、冯玮、周颖、张方丽执笔。

播者，更是解读气象信息的权威网络平台。产品研发团队一直在思考如何用最符合网络交流的方式输出专业的气象信息，打造有温度、有个性的服务产品。

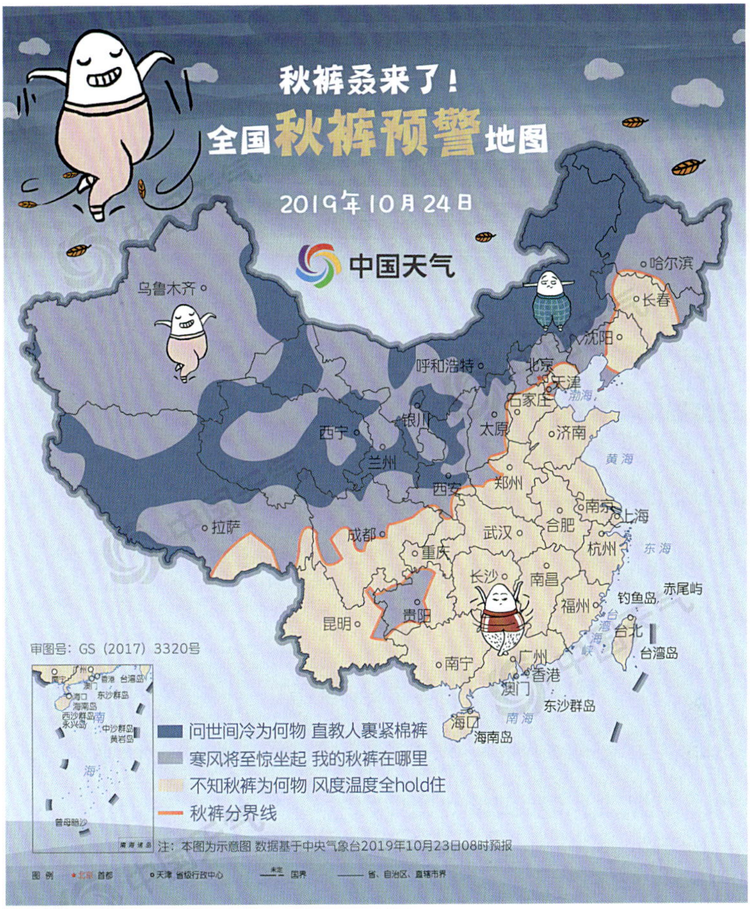

中国天气网连续多年发布《全国秋裤预警地图》

2016 年 10 月 28 日，中国天气网第一个网络化预警地图《你妈喊你穿秋裤之秋裤预警地图》诞生了。该产品一经推出即被媒体夸赞“气象部门的天气预报也可以如此接地气”，网友也跟着调侃“没想到天气网这么皮”；央广网专门推出了原创报道《全国“秋裤预警地图”出炉　盘点他国气象穿衣指数》，点赞中国天气网的秋裤预警，称“原本是一条枯燥的冷空气预报，因为有了‘秋裤’的段子，显得创意十足”。新华社指数中心借此主动联系中国天气网希望深入合作，研发系列指数产品。至此，“你妈喊你穿秋裤”着实小火了一把。“妈妈和

'中国天气'，最关心你的冷暖"，中国天气网就这样以老母亲的形象出圈了。

在秋裤预警爆火之后，中国天气网及时复盘产品、总结经验，只要是与生活息息相关的细微感受都会进行分析研究，看能否变成个性化的预警地图服务产品。2019 年 10 月正是夏秋季节转换的时候，昼夜温差大，北方还未大面积供暖。这个时候到底盖什么被子合适？哪些地方开始换被子了呢？《换被子地图》的概念开始萌生发芽……第二天，一份温暖贴心的《冷得颤抖之全国换被子地图》便迅速上线了。"换被子"话题引发各地网友共鸣，《换被子地图》同时登上微博和百度热搜榜，也成为了当天政务类最热微博，话题阅读量过亿。

随后，《空调开机预警》《乱穿衣预警》《起床困难户地图》《盼雪地图》等新产品接连问市，灵感也均来源于生活，直接切中百姓生活热点和痛点，实用又有趣。该系列产品通过深度挖掘气象要素对健康、生活、交通、旅游等各方面的影响规律，真正提供了以人为本、紧贴公众需求的气象服务。爆款频出，"中国天气"形成品牌栏目《生活预警地图》，是融媒体时代气象产品的创新表达。

（二）发展：个性化预警爆发式增长　引发现象级热议

网络化《生活预警地图》经过多年打磨研发，不断迭代优化，深度挖掘气象服务场景，在精细化健康服务、重大社会活动服务、跨行业"气象 +"服务等方面突破创新，数量、质量成倍增长，传播力、影响力与日俱增。据不完全统计，7 年来，中国天气网相关产品被《人民日报》、新华社、央视新闻、腾讯网等主流媒体转载超 6000 次，登上媒体热搜超 80 次，微博相关话题阅读量超 60 亿，引发现象级热议。这些产品的诞生不仅扩大了"中国天气"的品牌影响力，也极大地增加了公众对气象部门主动服务创新服务能力的正面评价，成为中国天气网最具品牌价值和影响力的产品。

深度融合引爆生产力，形成系列化规模化。近年来，中国天气网更加重视独家品牌产品的打造投入，成立了包含策划编辑、主编、数据分析师、设计、首席专家等专业的栏目团队，将这一项业务更加固化、流程化；同时，也在不断地挖掘用户的需求点、痛点、槽点，研究新媒体的传播策略，不断创新、扩大产品库。地图产品几乎覆盖全年所有重点天气，实现规模化生产。截至2022年11月,《生活预警地图》超50个品类，内容涵盖一年四季的各类天气，涉及健康、旅游、交通、饮食等多领域，并支持按需进行个性化定制。

深度挖掘气象服务场景，细分领域做精细化服务。媒体融合发展更注重深耕细分领域。中国天气网通过对中国天气网网站、微博、微信等各平台的用户反馈数据进行分析，挖掘提炼出用户对气象服务的专属场景和具体需求，以春、夏、秋、冬四季高影响天气和百姓生活需求为主线，细分吃、穿、住、行、用等分场景，针对用户生活痛点的更精细化场景进行专项研发。如针对冬季美食场景推出《吃火锅抗寒地图》，针对过敏人群防护推出《花粉过敏地图》和《杨柳絮飘飞预警》等。

自主研发独家算法，打造符合用户体验的产品。传统气象预报服务产品较为专业，主要针对单一气象要素如气温、降水等的预报，普通公众很难从中了解天气给自己生活带来的直观感受和具体影响。研发团队基于“中国天气”独家气候资源数据库以及站点、格点预报服务产品等优质资源，精准把控当下高敏感度要素，挖掘人群需求；同时结合丰富历史气候数据，通过构建大数据数值算法，定制出多种“中国天气”独家指数产品，最终由专业气象团队对数据进行分析与质控，将气象数据转换为“中国天气”特色可视化产品。

为提升产品的科学性和实用性，中国天气网还深入微博、微信等社交平台深挖用户舆情数据，对用户的评论、地域、时间等信息数据进行搜集分析，对独家算法进一步验证，最终打造出更符合用户体验的产品算法。

内容创新和技术创新双轮驱动，提升产品交互体验。为更好地顺应技术变革的浪潮，中国天气网结合当下互联网用户信息接收习惯和新型信息传播模式，探索符合传播规律的产品形态。融入技术创新，打造适于新媒体传播的产品,《秋裤预报》H5产品就是很好的案例。《秋裤预报》交互查询产品创新性使用了H5、css3交互动画和bootstrap响应式开发框架，利用css3扁平化风格的jQuery UI组件打造动画效果，并利用Bootstrap技术实现页面的设计与开发，适配不同用户行为以及设备环境的产品。该产品交互性强，适用于朋友圈传播。用户可基于所在位置实时查询本地《秋裤预警》信息，并进行卡通形象个性化定制，在朋友圈分享传播，获得有用又有趣的使用体验。

紧跟社会热点，建立新媒体传播运营策略。在重大灾害天气过程和节假日气象服务报道中，中国天气网深度研究媒体传播规律和用户心理，结合传播学议程设置理论、分众理论，运用互联网产品思维，创造性地将热点、槽点、情感点、话题点融入产品主线，用最符合网络交流的方式输出专业的气象信息，建立了产品包装、微博话题运营、互动活动运营等一整套新媒体传播运营策略，戳中网友内心，引发传播热潮。

以《全国冻哭预警地图》为例，在寒潮天气过程来袭时，中国天气网紧抓气温猛降的特点，将“冻哭”这一感触融入产品概念。产品上线后霸屏新浪微博、百度、腾讯等七大热搜榜，10 家客户端弹窗推荐，《人民日报》、新华社等百余家媒体转载，登上央视、安徽卫视等多家电视栏目，微博话题“全国冻哭预警”阅读量超 5.9 亿，引发 15 万网友热议。其中“别哭眼泪会结冰”等评论成为热门，获新浪微博 2021 年第一季度政务微博创新应用于传播的优秀案例。

创新使用互联网产品玩法，让产品动起来。从“形式相加”到“要素相融”，中国天气网积极探索尝试多种表达形态，将新闻的权威性、严肃性与传播方式的时尚性、创新性结合起来，创造了新形态、新场景、新表达，赢得众多年轻人的喜欢。在《羽绒服预警地图》产品中，首次创新制作系列 Q 版小人动态表情包，并配上“嗷嗷冷”“颤抖吧”“倍儿爽”等网络化语言，打造出轻松、活泼、接地气的图风，上线后被反复传播，登上媒体热榜，话题阅读量超千万，国家权威搜索引擎“中国搜索”指数达 300 万。这样的 Q 版小人形象与个性化的语言风格，不仅吸引了网友眼球，还大大提升了该形象在年轻网友群体中的传播效果。

（三）融合：积极探索全媒体传播规律　融媒体矩阵传播增强品牌效应

全媒体时代要做到深度融合、全面融合，从理念到机制、从形态到载体、从人员到渠道等，都要实现互联互通、资源共享，从而放大一体传播效能。中国天气网积极探索全媒体传播规律，建立了融媒体报道流程，通过融合发展、矩阵传播，用新媒体传播力、市场需求优化《生活预警地图》产品内容供给、创新形式表达、丰富设计元素，挖掘生产力、激发创造力、提升竞争力，实现气象服务产品经济效益和社会效益的共融共赢。

内容深度融合，充分激发创新活力。伴随短视频时代的到来，网络化《生活预警地图》全面挺进主战场，抓住这一发展趋势，增加视频化传播，用受众喜爱的方式来生产内容。如《日全食观赏地图》《双十一囤货地图》等产品均被二次加工成精悍有趣的短视频。在生产制作流程上，图文资讯部门与视频生产部门优势有机融合，取得了“1+1>2”的放大效应；传播方面，中国天气网的产品被央视新闻频道、上海卫视、四川卫视、爱奇艺、快手、优酷等媒体广泛采用，全面扩大了“中国天气”在主流媒体中的影响力。

与市场结合，成功实现商业化运作。如今，媒体不局限于传统的新闻业务，“服务 + 商务”成为媒体深度融合新趋势。产品研发团队在前期经验的基础上，主动了解市场客户需求，充分发挥部门间的整合力量，将气象数据与行业数据相融合，经过多次碰撞、不断打磨，研发出适合商业化植入的产品类型，并在 2020 年实现规模化商业付费定制，为提升“中国天气”品牌注入强心剂。

一系列切中百姓热点和痛点的爆款产品得到了市场认可。凭借独家产品的知名度和影响力，《蚊子地图》《感冒地图》《羽绒服地图》《电热毯指数地图》《露营防蚊天气地图》等多个产品分别被“榄菊”“快克”“彩虹”“波司登”等品牌商付费定制，成功变现，开创了公众服务产品的全新商业模式。产品将气象数据与各地春节御寒、换季乱穿衣、疫情时代露营等场景深度融合，打造更加贴近用户感受的场景化、精细化服务产品，并真正实现了按需定制，以需求驱动创新，有效传递了客户和“中国天气”的品牌温度和内涵。该系列产品一经发布便引发网友热议，从流量走向市场，共融共赢，真正做到叫好又叫座。

融合发展，重在机制。《生活预警地图》产品从策划机制、产品制作、人员配备到审稿流程、宣发推广等，形成多部门联动，全方位体现了媒体深度融合的理念。可以说，每个爆款产品的背后，不仅是生产流程的融合，更是传播渠道、市场运营深度融合、全面融合的生动实践。

（四）未来：专业深度彰显品牌竞争力　以内容优势赢得发展优势

未来网络化《生活预警地图》将继续盘活产品资源库，走内容为王精品路线；融创新之合力，注重发挥社会化平台作用；积极适应分众化、视频化传播新趋势，不断提升产品互动性、智能化、年轻态，打造更多有温度、有品位的融媒产品，助力“中国天气”品牌在气象高质量发展、服务公众美好生活征程上迈向更高台阶，让更多人感到“中国天气”品牌的服务温度。

二、融媒体灾害直播报道：创新防灾减灾媒体直播新模式

近年来，报纸、电视台等传统的主流媒体越来越多地使用互联网、手机、手持智能终端等新的传播通道，新闻报道方式呈现多元化和革新趋势，在管理机制、技术手段和经营方式等方面不断取得突破和创新。在这样一个媒体融合的大背景下，“中国天气”《灾害报道》在巩固其专业性、公信力和影响力的基础上，通过一系列创新举措，实现了多维度、多角度、多频次的传播，并在商业合作模式开发上走出新路。

（一）内容传播中形式创新与承载量突破

“中国天气”《灾害报道》发展至今，已经成为“中国天气”传播范围最广、影响力最大、生存时间最长的核心产品之一。在技术快速革新、智能手机大面积应用的背景之下，受众接受信息的渠道从电视媒体向手机端快速转变，传播媒介发生了重大变化，甚至处于“人人记者，人人可报道”的局面。这对于《灾害报道》的传播来说，无疑是提出了前所未有的挑战。《灾害报道》应对挑战的一个重要成果，是内容传播的形式创新和信息量的大幅增长。

1. 完成单一屏幕向多屏幕转化　实现产品融合再造

媒体融合给媒介环境带来了 5 个变化，分别为多屏化、移动端化、社交化、场景化和智能化。

就《灾害报道》节目而言，在电视媒体时代，使用单一大屏幕进行《灾害报道》的形式主要依托于“演播室串联 + 现场记者报道 + 科普小片 + 相关新闻片”。一般情况下，一档《灾害报道》特别直播节目的时长在 30 分钟左右。但是在媒体融合之后，《灾害报道》不仅保留了具有优势性的传统形式，还增加了受影响地区的实时监控摄像头画面。国省气象局联动的形式，也在以往记者现场报道的基础上，增加了手机固定镜头的实时画面，形成了“慢

单一屏幕向多屏幕转化效果

直播+记者现场连线"的独特形式，从以往的单独仅有的1块屏幕，转变成了3～4块小屏幕和1块大屏幕共同展示。其中，重要灾害现场场景会切换至更加清晰的大屏幕，其余小屏幕配合相关内容互为补充信息，单场直播的平均时长也突破性地增长到了17.3小时。多屏化的革新，可以实时调取各地网眼画面和各省级、市级、县级气象局手机端现场空镜画面，实现了多路资源的整合。

这种具有突破性的、符合媒体环境变化的创新形式，就完全有别于"人人记者，人人可报道"的"随手拍"简易模式，实现了将产品融合而再造优化；同时，形成了"中国天气"《灾害报道》独有的专业特色，也稳固了"中国天气"《灾害报道》不可轻易被替代的地位。

2. 技术革新融合　加大内容产量　提升亮点捕捉效率

（1）技术轻量化　大幅度缩减设备及人员成本

《灾害报道》最受大众关注的非其现场莫属。在媒体融合之前，除专业大型摄像机、三脚架、话筒外，《灾害报道》现场技术人员还必须携带海事卫星和3G传输背包设备，并优先选择海事卫星传输。海事卫星传输系统的操作不仅对于技术人员的专业性具有很高的要求，也以"使用时间越长，造价越高"著称。提升对地点方位选择的要求，才能提高信号连接的成功率，完成现场画面的实时顺畅回传。基于上述要求，在单一媒体时代，恶劣天气条件下的一场2分钟记者现场连线，从后台确认海事卫星设备连接成功到保持顺畅再到连线结束，平均需要30分钟时间。海事卫星1分钟使用费用约20美元，一次连线的平均费用折合人民币约320元。与此同时，全套设备的重量、数量等因素也限制了现场报道地点的选择，拉长了准备时间。为了保证信号顺畅，现场记者活动范围也会受到制约。

在媒体融合之后，《灾害报道》信息传递能力大幅度提升。其中一个原因是，报道时仅需携带手机、轻便的随身话筒，三大运营商5G每月的视频流量费用只需100～200元；操作上，使用相对应的手机App软件连接后台，即可完成《灾害报道》的现场直播，操作非常简单并且信号回传稳定、声画清晰，现场记者的移动位置不再受任何技术条件的限制。

（2）技术性可移动化革新　增量灾害现场内容

技术的移动化和简化并没有折损《灾害报道》现场内容的传播，反而增大了内容的承载量，呈现出反比态势。

这是因为现场记者移动的时间、空间和范围不再受直播设备限制，所呈现的灾害现场信息量也随之增大——涵盖的信息量从以往的 2 ～ 3 个信息点，转变成多点可用；从以往的最多 2 分钟的信息传递量，发展成平均 10 分钟左右的信息传播量。这就将曾经难以用画面实时呈现灾害现场中的天气变化、百姓的生活变化，特别是突发事件的捕捉在第一时间得到传播。以 2020 年台风“鹦鹉”现场报道为例：记者处于广东省阳江市海陵岛跨海大桥，此桥曾因台风“黑格比”正面登陆被摧毁，切断海岛与陆地的往来。现场可以直观看到风雨变化的海面与此桥之间仅有一条狭窄小路。在以往单一媒体时代，由于设备限制，现场只能通过摄像机镜头从左至右摇镜头的方式，将桥的现状与风雨变化进行展现。然而此次报道，正是因为直播设备的可移动化，一次性全面展示了从海边风雨变化到跨海大桥两端的交通限制，以及延长道路上民众的生活状态等多方面内容。同样在台风“鹦鹉”的现场直播中，记者所处的正是登陆点广东省阳江市海陵岛，因此，抓住登陆契机，当下即刻开启直播，在台风眼区——无风无雨的静风区，第一时间展示登陆点的现场画面。这种情况在以往的单一媒体环境下，需要等待直播时间端口开通，一定程度上可能会错过“首发”的最佳时机。

除此之外，“中国天气”专业《灾害报道》团队还能够通过灾害现场画面直观地进行气象科普，直接突破“纸上谈兵”的模式，消除了受众对于“科普枯燥”的刻板印象，助力受众提高规避风险、防灾的意识。

（3）技术设备的融合简化　显著增大国省联动的合作力度

因为单一媒体时期，技术设备对于人员技术要求高、花销较大，这将不具备这些能力的气象影视单位“卡在门外”。媒体融合之后，随着技术设备的简化、门槛降低，更多的气象影视单位参与到《灾害报道》中。即便是在疫情影响的 2020 年和 2021 年，年度单场最多参与单位多达 8 家，不仅涉及省级气象部门的合作，各地市级和县级气象局也踊跃参与，在现场内容覆盖面上，极为广泛，包含交通、市政、渔业捕捞、学校等多方面。这突破了单一媒体时代仅 1 ～ 2 家有能力的省级或计划单列市级气象部门参与的局面，不仅在内容和数量上得到了多地区、多角度、多维度的提升，也在合作机制上得到了显著的提高。

（4）内容扩大融合 《灾害报道》真正“近”距离触达受众

随着灾害现场信息覆盖面增大、承载量增多，在媒体融合之下，《灾害报道》过程体现出了前所未有的社交化属性。

《灾害报道》现场自身具有很强的同情心和共情性的特点，因此，也更容易引起受众关注，即随着共鸣感发酵式的传播从而触发分享与讨论。社交化信息是一种新的信息形式，其引入带来了更多信息的传递，就能够有更多机会捕捉到各种经历不尽相同的受众。不同受众会通过更加广泛的信息内容，更有针对性地选择自己想探讨的话题。而这种具有交互性的讨论不仅局限于受众之间，灾害现场的记者也将参与其中——通过回答各平台网友的提问，分享灾害现场的所见所闻和“有温度”的瞬间，进而可以真正“抵达”受众，共鸣共情，不再“自说自话”。这一过程完成了一种融合式的转变——从单一媒体的“你需要我，我需要你”转变为融媒体的“你中有我，我中有你”（胡正荣，2022）。

综上所述，形式多屏化的创新和现场信息量剧增显著提升了《灾害报道》的产出水平。这可以从“频次”和“观看量”的产出指标来得到展现。即使在疫情时期，自 2020 年至 2022 年上半年，“中国天气”所有直播品类中，《灾害报道》在频次上依然占据榜首位置，2022 年和 2021 年观看量同比上一年分别增长 97%、186%，其中，2021 年甚至呈现了“一枝独秀”的格局，仅《灾害报道》系列直播就贡献了破亿的观看量。

（二）信息产品的“一次策划、多种产品生产、高度集约融合”

在媒体融合条件下，同一内容可以衍生出不同形式的信息产品。《灾害报道》大力推进产品多元化，实现了“一次策划、多种产品生产、高度集约融合”的效果。

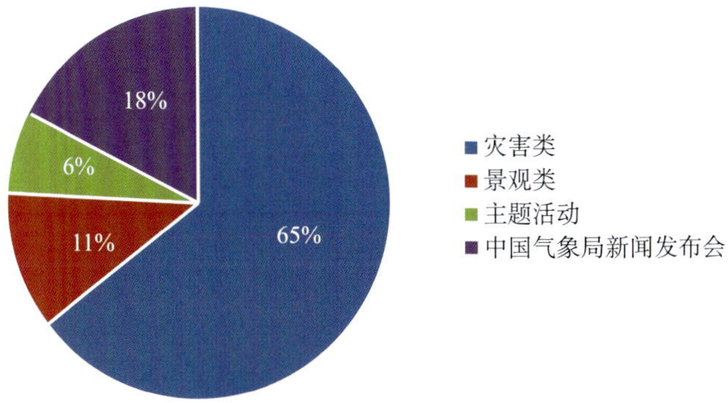

2021 年“中国天气”全品类直播观看量占比

单一媒体时期，灾害类报道仅通过电视媒介进行传播，形式上以“直播 + 新闻小片”为主；在媒体融合初期阶段，直播内容在电视端后台下载后再进行剪辑，进行二次传播，且媒体传播数量较少，操作流程较为复杂，进入前端过程时间较长；到了媒体深度融合时期，特别是自 2020 年起，《灾害报道》坚持以内容为王，同时在更加符合当下媒体环境、受众需求的前提下，将《灾害报道》的内容进行全方位整合，多层次、多声部发声。

1. 媒介融合之下的产品多方位发力

在媒体融合之后，《灾害报道》由直播和视频两种产品同时发力。《灾害报道》直播不仅在技术上实现了台网联动，而且自带高热点话题属性，又有“中国天气”品牌的加持，因此持续受到平台青睐。

随着《灾害报道》内容覆盖面更广、信息纬度更大、触达受众层面更多，《灾害报道》融媒体直播获得人民网、新华网、央视新闻客户端、央视频、中国新闻网等党媒和央媒推荐，其直播内容也被快手、抖音、搜狐、百度百家号、腾讯新闻、凤凰新闻等 20 余家社会主流媒体同期发布。在短视频方面，当重要灾害性天气发生时、重大天气过程出现时、重大民生影响问题产生时，相关岗位的工作人员可以通过简单的操作，将这些内容同步下载。从以往发布至前端以小时计算的局面，转变为仅需几分钟就可在前端再次完成视频类产品的“首发”，“中国天气”在快手、抖音、微博、百家号、微信视频号等头部媒体全方位发声。

2. 新产品诞生　融合“铁拳”产品　全系人性化多声部传播

《灾害报道》一直致力于对灾害现场的展示、科普，从而引发“人”在这样天气背景下的防、守、救。媒体融合后，受众和合作媒体平台对于产品人性化、直观化、生活化提出了更高的要求。因此，《灾害报道》也随变化而做出改变。最显著的一点是，自 2020 年以来，增加以 Vlog（视频日志）形式为主的视频传播内容。以 2020 年台风“鹦鹉”和 2021 年台风“烟花”两个《灾害报道》揭示了 Vlog 的作用。2020 年台风“鹦鹉”《灾害报道》，首次尝试以 Volg 记录的形式向受众展示“中国天气”《灾害报道》团队幕后工作细节；涉及灾害报道前期的准备工作、如何与台风“赛跑”捕捉台风登陆，还包括《灾害报道》用到的相关设备和日常好物分享，并对直播及后续报道进行预告。这一系列视频在当年取得了初步的成效。次年，2021 年的台风“烟花”由于其个头大、移速慢、风雨影响时间超长的特点，引起了社会多家媒体的广泛关注。再次启用 Vlog 记录形式，对于 Vlog 的包装进行优化完善，内容上更具有“中国天气”《灾害报道》特色，正式形成了一套 Vlog 式的《灾害报道》记录模式。

以上改变打破了以往较为单一的报道形式，增加了《灾害报道》全程的记录环节，拉近了权威主流媒体与不同平台受众的距离，也与其他社会媒体形成差别。这种符合融媒体时代“你中有我，我中有你”传播特点的新方式，建立了具有“中国天气”特色的，融媒体环境下的更加完整的《灾害报道》产品体系。

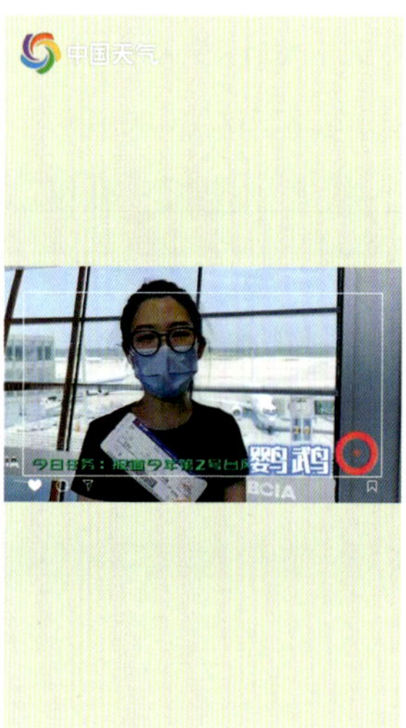

台风“鹦鹉”Vlog 首创开端

台风“烟花”产品完善成功

特别值得一提的是，这种更加偏向于人性化、生活化的记录手法，多是“95 后”至“00 后”最为热衷的，也是最迎合年轻一代审美品位的视频形式。这不仅让“中国天气”《灾害报道》的产品更加完整，也使之将触角深入到在传播上更为主动、更加活跃的年龄层，多层次、多声部传播。这无疑提升了《灾害报道》的主导性。

（三）商业合作探索实现“零”的突破

媒体融合不仅是不同技术手段、不同产品的融合、不同平台的融合，也包括经营方式的融合与创新，而经营方式包括商业合作。

《灾害报道》的本质不仅在于第一时间关注灾害信息，还能传递正能量，展示人类在无情的自然灾害中自救互助的的强大精神品质。在商业合作上，为了不对受灾者造成二次伤害，品牌的选择和广告的植入就具有很强的自身属性限制。但是，这并不意味着没有对外商业合作的空间。《灾害报道》不断尝试探索，在饱有人文情怀、坚守道德底线的同时，摸索出了与自身相匹配的广告植入的道路，即与中国人民保险集团股份有限公司的合作。

这一合作通过 3 种方式，将品牌产品适时适度地植入到《灾害报道》中，分别是：第一种，在《灾害报道》直播中，以口播的方式，植入灾害防范性提示、灾害性风险自救提示；第二种，在灾害现场进行口播的同时，配合相应标语和提示性话术，以及品牌标志露出的方式；第三种，通过短小精悍的视频方式，向可能受影响地区的公众提供最精准的保险项目，科普最快捷的理赔渠道，服务于公众。这 3 种方式的植入“恰到好处”，不仅没有违背《灾害报道》的初心，并且能够通过两家权威单位的合作，使得面向公众的有利服务更加精准到位。

从 2020 年到 2021 年的时间里，《灾害报道》在与中国人民保险集团股份有限公司集团股份有限公司的商务合作中，不仅实现了“零”的突破，而且在与其合作的所有直播中，总占比 42.8%。这标志着《灾害报道》在对外商业合作上初步探索出了一条新路，其经验可以为日后的《灾害报道》提供有益的参考。

“中国天气”《灾害报道》商业合作模式

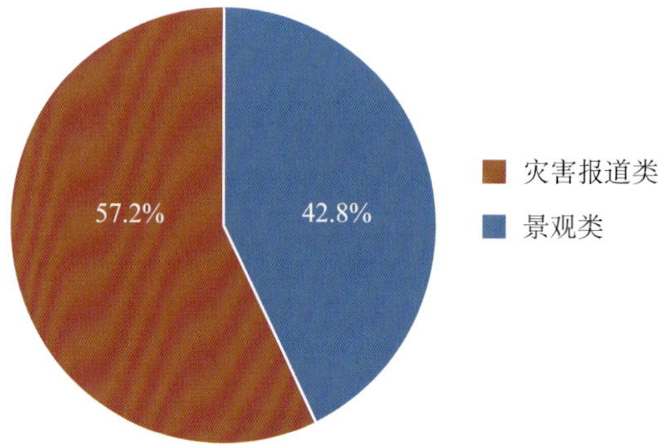

2020—2021年"中国天气"两大直播品类与中国人民保险集团股份有限公司商业合作总占比

（四）《灾害报道》在融媒体"华丽转身"后做好进入全媒体准备

《灾害报道》作为"中国天气"品牌的核心产品之一，在媒体融合时代取得了可观的突破与创新。在"中国天气"强大背景的依托之下，《灾害报道》保留其所处单一媒体时代的精华，走入了多屏化、移动化、社交化，将《灾害报道》这一品类的视频产品，融合成为了"一次策划、多种生产、多次传播"的模式。在商业合作获取效益的道路上，"中国天气"真正打破了自身的限制，实现了"零"的突破。未来，我们将从融媒体时代向全媒体时代迈进，从"你中有我，我中有你"走向"你就是我，我就是你"的时代。相信"中国天气"《灾害报道》全系产品必将再度完成创新与突破，立于旗帜产品之列。

三、气象景观类直播：再创气象服务新领域

（一）融媒体加持　景观直播获新生

融媒体时代，传统电视内容与新媒体融合已成常态。网络直播以实时、高效、互动等传播特点，带来了全新的节目形态、运作模式和内容生产方式，碰撞出全新的火花，而景观类直播就是其中浓墨重彩的一笔。相比于传统电视直播，融媒体景观类直播具有低成本、易操作、广传播等优势。同时，气象行业的助力也在景观类直播场景的创新上起到了关键性作用。

（二）传统媒体景观类直播的局限性

1. 消耗资源占比大

传统电视媒体传播效果主要依靠于有线电视或卫星电视，运行成本高。整体来看，电视媒体制作一场直播所需前端成本主要包括卫星车、转播车等直播设备使用费，卫星讯道、光缆线路租用等信号传送费，以及前方直播工作人员的人力成本开支。一场直播下来，少则数万元，多则数十万、数百万元。如使用自家设备，专业电视设备购置成本高，折旧率高。电视媒体自身体量大、部门多，一场直播需要横跨多个部门，后方播控、技术保障也均需要大量人员参与，进一步提高了直播成本。电视频道资源宝贵，高时长、慢节奏的景观类直播长期占用频道，投入收益难成正比。

2. 操作复杂

电视频道内容需严格依照编播进行。景观类直播受天气、环境影响大，临时调整难度高。

3. 传播局限性高

电视机不可能像移动设备一样随身携带，需要一个适当的收视环境，离开了这个环境，也就根本阻断了电视内容的传播。在这个环境内，观众的多少、距离电视机荧屏的远近、观看的角度、器材质量以至电视机天线接收信号的功能如何，都直接影响着收视效果。

（三）融媒体景观类直播的优势

1. 受众群体广阔

传统电视直播传播平台只能依托于电视频道，受限于电视频道信号覆盖面的影响，直播的影响力和覆盖面就很有局限性，同时收看终端无法移动的局限也大大降低了活动的影响力。得益于互联网技术的飞速发展、中国经济结构不断优化，社会结构也随之发生巨大变化，社会节奏越来越快。以往一个家庭围着电视机收看节目的休闲习惯早已不复存在。除了个别主流卫视还能保持一定收视率外，其他各大省（区、市）电视台收视率和影响力都有不同程度下滑。据中国互联网络信息中心（CNNIC）2023 年 3 月 2 日发布的第 51 次《中国互联网络发展状况统计报告》显示，截至 2022 年 12 月，我国网民规模达到 10.67 亿，互联网普及率达 75.6%，网民使用手机上网的比例达 99.8%。如此庞大的用户基数，加之便捷的收看渠道，让融媒体景观类直播拥有了广大的受众群体。当前网络直播依托互联网技术，受众可以很便捷地通过台式电脑、平板电脑、手机等移动端收看直播。

2. 制作成本小，操作难度低

有别于传统电视直播体型的“臃肿”和形式的固化，网络直播设备成本、人员成本、操作性等方面都有着较大优势。首先，网络直播是将前期拍摄的音视频信号传送到云直播平台服务器而非播出总控矩阵，将信号转成 RTMP 流通过互联网推送到网络移动端，供用户观看。网络直播更多的考虑在移动端小屏幕展现，因此受众对于画质、拍摄角度、拍摄手法、场景等要求不高，用几台手机就可以将现场画面拍摄传输至云服务器。而在画面的切换上，也不需要专业的监视器、切换台、调音台等广播电视专业设备，通过网络云平台上的导播台，仅需一台连接互联网的电脑，就可以完成多路音视频画面的切换和字幕包装的展现。这样就大大降低了设备、人员等成本，使得网络直播更受市场欢迎。

3. 多平台传播效果好

相比于电视直播的单一线路传播，网络直播的 RTMP 流能够实现一家提供、多家播出的散布优势。结合制作方自身搭建的融媒体宣传矩阵，让一场直播活动能够在数十家甚至数百家网络媒体上播出，传播效果更强。

以“中国天气”在 2020 年 6 月 21 日完成的“太空天眼追日食”网络直播为例，直播信号在中国天气网、一直播、今日头条、抖音、快手、微博、腾讯、搜狐、网易、《人民日报》、新浪、凤凰网、环球网等 27 家媒体客户端播出，总观看量达到了惊人的 1.56 亿次。

4. 受众选择性强

电视直播受限于单一信号，无论前方有几个机位、几处现场，都只能通过机位切换的方式逐一展现给观众。网络直播相比于电视直播，能够在保留人工切换主画面的同时，将包括主画面在内的现场全部信号集合在同一个直播页面中，由受众自行选择观看某一路画面，增强趣味性和互动性。

5. 受众互动性高

电视直播是一种被动的视觉传达。受众通过收看直播弥补了空间上无法到达现场的遗憾，通过画面获得现场感，但是无法参与到直播活动，发表自己的观点和见解。而在网络直播的过程中，受众能够实时在网络上实现互动，不仅能够和主持人通过字幕实时交流，对直播的内容进行评论，还能够与共同观看直播的其他受众聊天，获取更多信息，提升参与感。此外，利用上述便利，在直播中设置有奖问答、抽奖等活动环节，也能进一步扩大直播热度和影响力，增加直播的趣味性和用户黏性。

6. 运营便捷

电视媒体传播效果只能依赖收视率，统计某一时段内收看该电视媒体的户数占电视观众总户数的百分比，数据时效存在滞后性。

网络直播平台在直播完毕后均可直接显示本场观看人数、观看时长、互动次数等相关数据，直播传播效果一目了然。相关传播效果数据也为商务洽谈、广告招商等后期运营提供了极大的便利。

（四）气象助力融媒体景观直播开疆拓土

景观类直播，最核心的内容就是关于自然风光的直播。直播展现以现场画面为主、主持介绍为辅，直播时长通常较长，大多在 120 分钟以上。

梳理“中国天气”近 3 年的直播场次，可以看到景观类直播时长普遍超过 2 小时：如 2022 年完成的 8 场景观类直播，最长场次 7 小时，平均时长达到了 4.375 小时；2021 年完成的 8 场景观类直播，最长场次 40 小时，平均时长达 5.63 小时；2020 年完成的 8 场景观类直播，最长场次 13.5 小时，平均时长达到 3.56 小时。类似 2021 年 40 小时的单场直播，2020 年 13.5 小时的单场直播在传统电视媒体直播中是几乎无法实现的。

2020 年初开始，受疫情影响，民众出游减少，景观类直播在一定程度上满足了民众欣赏自然风光的诉求，各媒体也纷纷增加景观类直播的场次。如何避免同质化，开创景观类直播新内容，“中国天气”融媒体直播团队从气象上找寻答案。

2020年12月3日，“中国天气”完成了“在黄山见证日落云海”网络直播。云海作为特殊自然景观，其出现与天气息息相关。如何捕捉并确定它出现的时间，“中国天气”的气象分析师们对此进行了细致的研究。多位气象分析师在气象服务首席的带领下，结合云海形成机制、天气实况、未来天气趋势预报，对黄山云海出现的时间进行了细致的研判，并在直播开始前一周，逐日调整云海预报结论，并据此调整直播开启时间。最后在该场直播1.5小时的直播时段内，精准捕捉了云海从无到有的全过程。

相比于云海，闪电更是稍纵即逝。想在直播中捕捉闪电，难度可想而知。2020年8月13日起，“中国天气”开启“‘中国天气’逐电之途现在发车！”网络直播活动。主持人和气象分析师组成的直播团队通过前期大量数据分析，将目的地锁定在我国著名的三大雷雨区之一雷州半岛，并精准地预判雷电发生地点和时间，成功捕捉到大自然当中最神秘的天气现象——闪电。此外，为进一步了解闪电的原理、威力和危险，“逐电之途”车队还前往了位于广东省广州市从化区的引雷场，在气象分析师的专业理论指导下，带领观众近距离感受了通过人工引雷真实模拟与再现的自然闪电奇观。这场史无前例的网络直播，开辟了景观类直播的新场景。

在“互联网＋手机”不断改变人们生活方式的今天，尤其在疫情爆发之后，越来越多的网络直播进入大众生活。各大媒体先后涌入网络直播这一新兴赛道，让景观类直播也出现了不同程度的同质化。我国幅员辽阔，南北方气候差异大，气候类型多，是气象景观资源的大国和富国。“中国天气”通过气象赋能融媒体景观类直播，仍在开辟新的直播内容，力求在景观类直播的这一赛道上探索出一片新的天地。

四、花期景观预报：气象服务为人民美好生活添彩

“春有百花秋有月，夏有凉风冬有雪。”一年之中，四季轮转，风景各有不

同。随着经济的发展，人民生活水平日益提高，公众对旅游等服务于美好生活的气象服务需求日益旺盛，对气象服务的需求不再局限于温度、湿度、风力等这些基础的数据层面，而是期待能够更好地享受天气、观赏景观、提高生活质量。

近年来，中国天气网积极响应国家生态文明以及振兴农村发展战略，盘活各省专业服务数据资源，依靠独家算法和权威地图资源，创新发布《花期预报》《红叶预报》《雾凇预报》《云海预报》《彩虹预报》《观星预报》等各种生活服务类预报产品 30 余种，被《人民日报》、新华网、中央电视台等各大主流媒体转发千余次，总服务人次数千万，传播效果显著，带动了各地生活气象服务模式创新发展。

（一）初露锋芒：首创花期预报产品　开拓气象服务美好生活新领域

武汉樱花、婺源油菜花、洛阳牡丹……我国幅员辽阔，景色万千，每年春天百花盛开，赏花胜地都能吸引全国各地游客。但花期短暂，每年气候起伏，开放时间也不近相同，早去一周可能春花还含苞待放，晚去一周又错过了盛放时节。

为满足公众对及时、权威、贴心的赏花气象服务需求，2018 年起，中国天气网盘活各省专业服务数据资源，独家创新发布花期预报可视化产品。如联合湖北省气象服务中心推出《武汉樱花花期预报》，联合江西省气象部门推出《婺源油菜花花期预报》，联合新疆维吾尔自治区气象部门推出《伊犁杏花花期预报》，联合北京市气象部门推出《玉兰花期预报》《桃花花期预报》等。

花期预报不仅综合植物生长特点和当地气候预测，还能精确预报每个省（区、市）具体景区不同花卉不同品种的开放时间。例如，武汉樱花预报地图的形式直接呈现了武汉大学、东湖樱花园、晴川阁等不同景点樱花初花期、盛花期以及衰落期的精确事件，并分析了气候变化对樱花开花的影响等，让公众出行有的放矢，不错过最美的风景。

花期预报立足于解决用户赏花不知何时有、不知何处去的痛点，受到媒体和公众的热捧。至此，中国天气网形成了初具规模的花期预报产品，带动了全国各地气象部门掀起花期预报热潮，纷纷推出各省（区、市）特色品种的花期预报。

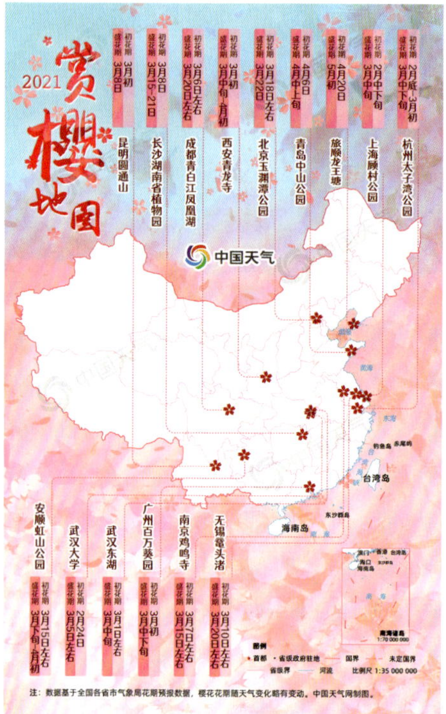

中国天气网联合各省（区、市）气象局推出《全国赏樱地图》

（二）全面绽放：“独家算法+权威资源”确立“中国天气”花期预报核心优势

一山有四季，十里不同天。花期预报除了关注天气气候，还与地形和植物种类密切相关，具有很强的地域性。但目前，全国各级气象部门各自开展的花期预报较多、较零散，缺少资源整合融合。因此如何能启动联动机制、集约化气象服务体系并展开全国性的花期预报，成为中国天气网面临的难题。

2019年，中国天气网研发团队基于“中国天气”核心独家花期物候观测数据、气象历史及预报数据、地形海拔等地理信息融合建立独家花期算法标准，并根据临近天气进行动态人工订正。中国天气网目前拥有全国31个省（区、市）共计6759个景区的多种花型的花期数据，可提供所在景区花卉生长过程中初开期、盛开期和衰败期3个时间段的花期预测结果。

基于以上数据支撑，中国天气网连续4年制作并推出《全国赏樱地图》

《全国油菜花地图》《全国树叶变绿地图》《全国杜鹃花地图》《“五一”全国赏花地图》等独家花期预报产品，将各主要花种的观赏地点、当年初花期盛花期预报，用产品图直观展现，以数据可视化方式为公众提供赏花实用“攻略”。

该系列产品建立了以植物观测数据和气象数据为基础的综合计算模型，向社会行业和大众提供时令性强的旅游出行生活指导和科普知识，打造了“中国天气”花期预报品牌，取得了良好的社会反响。仅2021年，花期预报系列产品被百度、滴滴出行、墨迹天气等客户端推送，新华社客户端、央视大屏、央视新闻客户端、人民网、光明网等主流媒体转载130余次。产品总曝光量超5600万次。

（三）另辟蹊径：新媒体互动升级　花期预报话题屡上热搜

新媒体时代，气象预报产品的传播不仅局限于传统图文和视频形式。中国天气网挖掘多样的互动手段，创新玩法助力花期预报传播，进一步提升了产品服务的用户触达率。

2021年4月，中国天气网发挥行业引领作用，深入挖掘各省（区、市）气象局花期预报服务能力，联合新浪旅游、政务微博共同发起“网红景点赏花地图”大型互动活动，吸引了江苏、湖北等9个省（区、市）气象局参与策划制作，共联合发布相关地图产品策划12期，相关微博超80条。“中国天气”官方微博原创话题“网红景点赏花地图”阅读量1242万，引发近2000次讨论。“网红景点赏花地图”话题推广图曝光在新浪旅游最高级项目话题“春游季”下，阅读量达106.9亿。本次活动实现了花期预报产品在新媒体端联合策划、话题运营互动的升级。

2021年以来，花期预报相关话题多次登上新媒体热搜榜，“十大最美银杏地”“全国赏樱地图”等话题登上微博热搜榜，“全国树叶变绿地图”“‘五一’全国赏花地图”等话题登上百度热榜。花期预报在新媒体领域的广泛传播，树立了“中国天气”服务美好生活的新“晚红”形象。

（四）多路并举：个性化景观预报研发　助力地方打造生态名片

除了赏花，一年四季祖国美景不断。北京红叶、东北雾凇、黄山云海、钱塘江大潮等景观享誉古今，声名远扬。然而，一直以来，公众无法从权威渠道获取最佳观赏时间及地点预报。近年来，中国天气网接连推出《赏红叶地图》《赏银杏地图》《流星雨观赏地图》《赏月地图》《雾凇地图》以及《一周云海预报》《一周观潮指数》等多种气象气候景观预报，时间涵盖全年四季。这些个性化的景观预报，击中了公众出游赏景只能“撞日子”的痛点，服务到每日、每时、每刻，为出游提供了有效参考。

2018 年 6 月下旬，新疆维吾尔自治区昭苏县气象局在全国率先推出彩虹预报，中国天气网策划启动直播、深度报道、新媒体活动等立体化传播方式，助力彩虹预报完成首次亮相。10 余万网友在直播间共同目睹了彩虹的出现，数百万网友知道了彩虹预报的存在。活动被新华社、新华网英文版等媒体在国内外进行报道，首次体现了国际影响力，并吸引央视新闻前往昭苏对彩虹预报进行了长达 2 小时的四路并机直播。《新闻联播》也将昭苏“彩虹之旅”作为带动新疆旅游发展的新型旅游产品之一进行介绍。

此次活动极大地提升了气象部门在服务美好生活方面的形象，同时，首次以“中国天气”品牌服务地方生态文明建设，打造地方生态名片，为当地生态文明建设背书力挺，放大效果。

丰富多样的景观预报产品有助于解决“奇景难寻、美景难遇”的难题，满足了公众个性化出游赏景的精细化需求，同时也有利于地方打造特色生态景观名片，推动气象服务保障生态文明建设，是气象服务更好地服务于人民美好生活需要、助力美丽中国建设的有益实践。

（五）未来之路：拓展服务种类　打造更精细的创新性服务产品

近些年，为满足公众的需求，全国气象部门已陆续开展了多种气象景观预报服务。但整体来看，目前气象景观预报还处于探索阶段，呈现出全国各气象部门散点研发状态，尚未形成体系；在传播运营方面，也尚未形成合力。随着公众对美好生活气象服务的要求不断提升，景观预报服务产品还将有更大的发展空间。

拓展服务种类。我国幅员辽阔，气象景观资源丰富，除我们常见的赏花观叶预报，还有日出、日落、云海、雾凇、冰雪冰凌、朝霞晚霞、日晕、日华、彩虹等多个类型。中国天气网将继续开发新的预报服务种类，满足公众日益丰富、多彩的旅游需求和对奇观、美景的观赏需求。

精细化创新气象服务。未来，创新性气象服务将向更精细的方向发展。以赏花为例，气象服务将不只局限于对花期的预测，还将根据对气候、天气、物候等多要素的综合预判，指导观赏性花卉树木的播种时间及地点，让花朵有计划地次第开放，从而延长整体的观赏时间。

加强交互体验，提升传播力。目前，气象部门重点研发的气象景观预报可突破单纯以图文、视频为载体进行传播的形式。未来，中国天气网还将利用更多技术手段大量开发可互动的预报产品，让公众随时随地能获取气象景观预报信息。

十八大以来，气象服务面向生活富裕、锚定人民美好生活需要，不断增强服务的针对性、有效性，于寻常处融入“衣食住行游学康”，为人民美好生活增添“新成色”。未来，中国天气网将不断做精做好花期预报、景观预报，使之成为气象部门精细化服务人民美好生活的生动注脚。

五、图文数据可视化：用数据讲故事

2016 年至今，中国天气网积极在气象数据新闻和数据可视化领域深入探索，成立了“气象数据可视化工作室”；在重大灾害气象服务、美好生活气象服务以及气候变化科普等方面制作了大量有价值、传播力强的优秀作品，3 次登上联合国气候变化大会世界舞台传播，多次获得省部级奖项，引领着融媒体环境下气象科普可视化传播的潮流。

（一）“数据会说话”诞生：大数据时代的品牌策略 用数据讲故事

近 10 年，随着大数据产业的兴起和迅速发展，基于数据驱动的数据新闻如火如荼地发展起来。在信息技术的加持下，数据新闻呈现出专业的数据挖掘能力和通俗易懂的可视化表现方式，越来越受到新闻传播界的关注和广泛应用。

气象行业拥有极庞大的专业数据，全面、真实、准确，使用价值极高。与此同时，气象信息专业性较高，科普难度也较大，行业报道也面临着如何将“硬核科普”形象化输出的问题。如果能够深入挖掘气象数据，并进行可视化呈现，必将大大提高气象科普的传播效率，对行业报道具有深远意义。

中国天气网一直致力于为用户提供个性化、精细化、生活化、场景化的气象服务，用最符合网络交流的方式输出专业的气象信息。2016年，中国天气网采编团队推出国内首个气象大数据新闻可视化栏目——《数据会说话》。该栏目以“寻找热点新闻背后天气真相，科普气象冷知识”为定位，致力于将枯燥的数据和专业的天气原理转化为形象可读的新闻作品，用气象数据来讲述百姓关心的社会生活故事。

（二）数据新闻的发展之路：独创四大类专业科普作品 屡登热搜榜单

《数据会说话》栏目经过探索，逐步推出一系列视角广泛、贴近公众生活的作品，并逐渐形成“重大灾害、社会热点、气候变化、跨行业融合”四大专业科普品类；综合运用图文、信息长图、视频、H5等多种形式进行展现，创造了可看、可听、可互动的气象科普传播新模式，受到广泛认可，多次登上微博热搜，被《人民日报》、新华社、央视等媒体广泛转载，斩获中国数据内容大赛最佳数据内容奖、澎湃新闻“垂直领域数据深耕奖”等数据类专业奖项近10个。

在台风、暴雨等重大灾害事件中，中国天气网的数据新闻力求权威发声，向公众普及灾害规律、防灾减灾知识和避灾自救互救技能。针对影响我国较大的台风，第一时间推出台风数字画像，用数据展示台风特点、路径、影响以及相关防御措施；经历较强暴雨、高温过程后，及时通过数据复盘整个过程的情况；在冰雹、龙卷等小尺度灾害天气的报道中，通过大数据分析灾害性天气的出没规律，让大众了解其发生发展规律，做到趋利避害。

在气候变化领域，透过气象大数据，盘点中国正在经历的环境变化及这些变化对公众的影响，加深公众对气候变化和极端天气气候事件的认知。潜心挖掘出气候变暖导致我国冰川“瘦”了近两成、影响我国的寒潮和沙尘暴变少了、北京夏天越来越热等隐藏在大数据中的大量气候变化事实及影响，提升了公众对气候变化现状的认知。数据可视化作品《大数据看中国气温变化》用短短几十秒的时间直观生动地展现了中国受气候变化的影响，获中国科技新闻学会科技传播奖，分别于 2017 年、2019 年和 2022 年 3 次登上联合国气候变化大会，在世界舞台传播。与此同时，中国天气网的数据新闻还密切关注百姓吃穿住行与气候变化的关系，挖掘气候变化与葡萄变甜之间的关系，探寻铁观音的气候密码，关注暴雨和高温如何影响我们的菜篮子。

紧跟社会热点，建立新媒体传播运营策略。当热点事件发生时，使用大数据盘点和分析，展示出事件背后的原因，让报道既有速度又有深度。同时，“中国天气”创造性地将热点、话题点、情感点融入作品，用网络化方式输出专业的气象信息，建立了作品设计包装、微博话题运营、互动活动运营等一整套新媒体传播运营策略，多期作品引发热议。比如针对 2019 年初南方近 3 个月阴雨寡照民众叫苦不迭，盘点南方城市阴雨破纪录及成因，创造话题“南方比惨大赛”，极大地调动了公众的参与热情，登上微博热搜榜，原创话题阅读量超 8000 万。

横向拓展“气象 +”，推出跨界融合数据报告。中国天气网联合滴滴、高德地图、百度地图、饿了么、飞常准等行业的头部企业展开合作，将气象大数据与航空、地图、餐饮等行业数据进行融合分析及可视化制作、传播，揭示气象对其他行业产生的精细化的影响和规律。中国天气网联合飞常准推出《恶劣天气对中国机场准点率影响分析报告》，联合高德地图推出 10 余期出行报告。其中，2020 年与高德合作的“五一”出行报告，巧妙融入穿衣地图，相关内容登上微博热搜第 8 位。

《中国旱涝五百年》介绍，
（扫描二维码可阅读）

除了四大类品牌化的数据新闻作品外，中国天气网还重磅推出国内首个古气候数据可视化科普互动作品——《中国旱涝五百年》。该作品通过分析 1470—2018 年 549 年间的全国旱涝时空规律和分布格局，阐释旱涝灾害对社会生活、历史变迁以及经济发展的影响。作品上线不到一天就登上微博热搜榜，被新华社、央视新闻等国家级媒体转发，获中国科协“典赞·科普中国”十大网络科普作品、全国“十大气象科普优秀作品”等奖项。

（三）数据新闻的共赢核心：团队协作化繁为简　实现与网友共情

数据新闻作品从策划到上线是一个庞大而复杂的“工程”，它需要数据分析师、编辑、美术设计师、程序员等多方共同合作，是多部门跨界协作的成果。

一个成功的数据可视化作品往往是实现“从群众中来，到群众中去的”的结果。从百姓关心的热点事件或话题中寻找选题，再挖掘气象相关数据进行整理、分析，形成观点和结论，最终美术设计师进行可视化呈现。成功的作品上线后引发网友的热议。

在数据呈现形式上，力求化繁为简。在气象新闻数据化产品中，中国天气网针对暴雨、高温、寒潮等重大天气事件，打造出《雨量排行榜》《高温日历》《气温跳水大赛》等独家排行类服务产品，将复杂天气信息经过筛选简化为直观简洁的可视化榜单，击中网友可以对号入座的分享心理，引发热议。

在报道时机上，数据新闻更加注重“数据分析先行、预判热点抢发”。在北京首个高温、初雪等天气热点发生的第一时间，推出数据新闻报道。报道既有速度又有深度，彰显“中国天气”的专业素质和服务能力。作品上线后屡登微博热搜榜，并被《人民日报》、新华社、央视新闻、《北京日报》等媒体转载。

在作品语态上，赋予数据温度，引发网友情感共鸣。中国天气网还打造出了“中国春风春雨图鉴”“北京城与雪的故事”等系列更具温度的数据新闻。“春风春雨图鉴”将气象大数据与我国传统文化巧妙融合，文艺范儿解读我国各地春风春雨的“性格”，开创了数据新闻表达的新样态。“北京城与雪的故事”将初雪大数据与人的回忆融合，用讲故事的方式娓娓道来，引发网友强烈情感共鸣。

（四）数据新闻的未来之路：提高可视化能力　赋予数据温度

《数据会说话》已成为中国天气网的品牌栏目和拳头产品。在大数据时代，气象数据新闻还应积极拓宽视野，拥抱新的传播方式和技术，让气象大数据在行业报道中发挥更大价值。

1. 拓宽视野　深挖跨界融合数据

气象行业拥有庞大、专业、权威的数据，当不同的数据改变组合方式和盘点维度时，能产生新的生命力。在未来的发展过程中，气象数据新闻还应当拓宽视野，联合更多气象相关的领域，让跨界融合作品焕发新的活力。

2. 赋予数据温度　用数据讲故事

气象数据新闻的最终诉求是讲好故事，不应该为了分析数据而分析，而应该赋予数据温度，不忘新闻选题的立意和初心。在未来的发展道路上，气象数据新闻可以多一些人文气息，将冰冷的数据变得有温度，在数据表达上增加一些“故事”，让受众可以通过数据，看到隐藏其中的社会万象，感受温情。

3. 加强交互性　提高数据可视化能力

中国天气网数据新闻作品运用图文、信息长图、视频、H5 等多种形式，开创了可看、可听、可互动的气象科普传播模式。未来，还将利用技术手段多开发可互动的数据可视化作品，让公众不局限于看科普，也能玩转科普。

六、视频数据可视化：让数据“动”起来！

当下视频传播和收视环境日新月异，短视频在网络上异军突起，抖音、快手、百家号、今日头条等平台的热度不断增加，改变了人们的传统视听习惯。这种反应迅速、贴近生活、能带来极强现场感的视频形式，把人们碎片化的时间利用起来，也让碎片化的信息传播起来。与此同时，大数据时代来临，数据已经渗透到当今每一个行业和业务职能领域，成为重要的生产因素。在这样的大环境下，如何使用好气象数据，使气象视频更适应网络化传播，是我们气象视频编辑所要思考的问题。

（一）数据可视化的新探索

气象部门每天会获得各种各样的气象数据，它就像一个巨大的数字宝库，等待我们去探索。但就传统气象节目来看，我们主要依靠 24 小时、48 小时、72 小时雨区预报以及卫星云图、雷达图等图形来制作节目，以真人出镜的方式讲解、分析、预报天气。传统的气象节目形式在时间上受限于中央气象台公报发布的时间，内容上对气象数据的利用相对简单有限，表现上形式有些单一。因此，传统的气象节目并不能完全满足当下人们新的收视习惯。对个性化、多元化的气象信息提供是一种缺失。

数据源头"新"拓展

新诉求要求我们进行多方面革新。首先在源头上，我们多方开拓，增加气象数据的可利用率。我们开始使用一种新数据计算方式——运用 python 语言，把相关气象需求程序化，实现数据计算自动化。这种新算法，让历史数据"活"了起来。通过运算，我们能更加便捷地获取日均、月均，甚至季节平均气象数据。而对不同节气、季节、年份的某一气象数据，我们也通过新运算方式计算得以快速掌握。

在常规数据查询上，我们则利用 CIMISS 数据库，点对点地查询含 14 类 147 种实时、历史气象数据。例如某地多年的最高气温、最低气温、日照、地温等。对于全国层面的气象信息，我们使用气象信息综合分析处理系统（MICAPS）进行查询，并通过这套系统对各种气象图形进行编辑加工。

有了新老技术支持，气象数据焕发活力。现在我们不仅能获得区域间的天气变化数据，也能获取具体城市、单点气象数据信息；我们既能把握住当下的气象数据，也能通过年际间的数据对比，掌握历史数据，观察气候变化。可以说数据源的扩大给了我们挖掘、了解更多气象信息的可能。

（二）数据处理"新"手段

1. 视频模板　数据可视化的"孵化器"

如同做饭，有了足够的原材料，还需要运用不同的烹饪手法进行加工，运用视频模板处理气象数据就是短视频制作的一个“烹饪”新方式。

片头、标题、柱状图，并配以相应的图例和音乐，构成了模板的主要内容。针对公众关注度相对较高的气温、空气质量、降水的实况和预报，“中国天气”制作了3套相应的数据可视化视频模板。

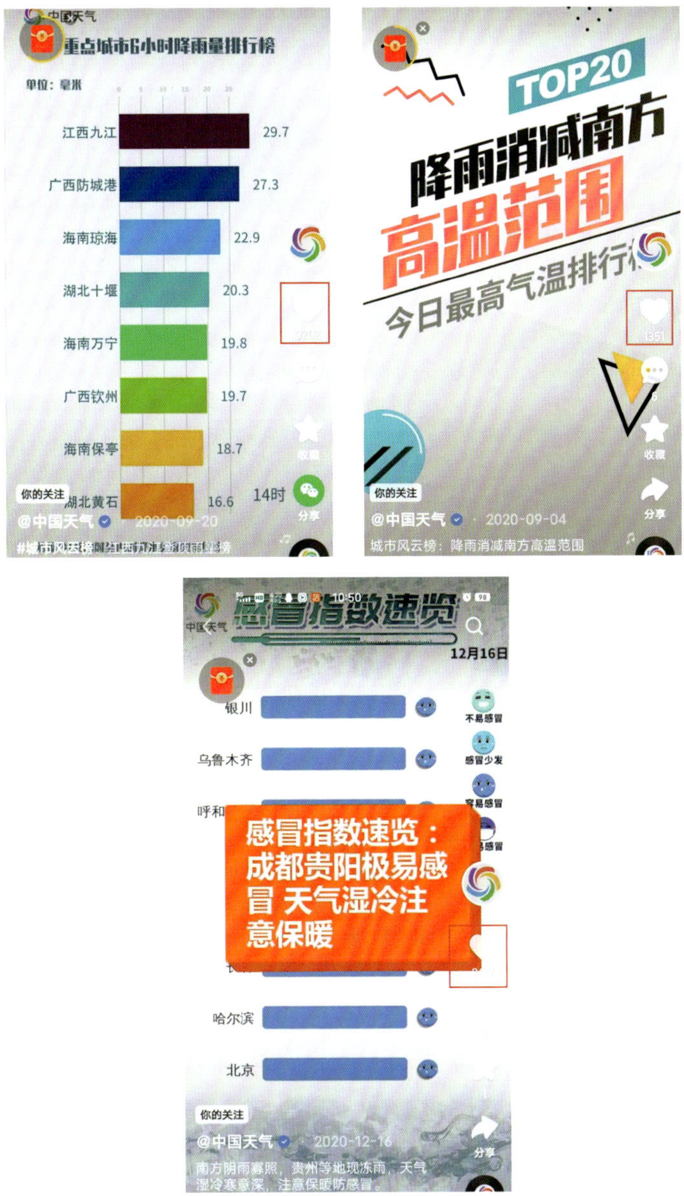

数字可视化视频模板

这些模板能够支持大量的气象数据交互。含有气象数据的表格被上传至数据制作平台后，平台在短时间内就能将枯燥的气象数据转化为动态的图形动画。视频编辑再根据模板把图形动画规范化。这样，一串串冰冷的数字就转化成了清晰明了的气象视频，并被快速、有效地传播出去。在日常运用中，这套模板可灵活制作 6 小时、24 小时城市天气排行榜。它大大缩短了视频的制作时间，使视频编辑对于当天的天气重点有更为快速、灵活的反应。另外，视频模板的使用也打破了往常只对全国或者片区间天气进行实况分析、预报的限制，弥补了对单个城市天气展现不足的状况，对所在城市的公众有更直观、具体的指导。

目前，视频编辑依据不同季节、不同天气、不同热点使用不同模板。在日常的数据可视化视频制作中，视频模板也体现出自己独特的优势，用它做出的数据短视频获得了上千的点赞量，带来了不错的收视效果。

2. MG 动画的使用

大数据时代，数据可视化帮助用户更便捷地获取信息。MG 动画则以其简洁、动感、快速的特点适应着视频流行时代的发展趋势。将数据和 MG 动画融合应用于气象服务场景是我们“烹饪”气象数据的另一个创新点。

MG 动态图形融合了平面设计、动画设计和电影语言，它的表现形式丰富多样，具有极强的包容性，能和各种表现形式以及艺术风格混搭（李婷 等，2022）。为了让数据“活”起来，我们首先对庞大的气象数据进行梳理、整合、再编撰文稿，然后使用 After Effects 制作一系列 MG 动画短视频。

《数据看天气》MG 动画短视频

《数据看天气》系列短视频就是采用 MG 动画形式制作的数据可视化气象

科普短视频。它用统一的白色基调包装，将气象数据放入设定的场景中；用文字、图形、图像，并配以清晰简洁、讲解生动的语音展现气象知识。目前，“中国天气”已经制作了关于台风、降雪、华西秋雨、秋季长短、华南干旱等多个主题的气象科普短视频。《数据看天气》系列短视频也以画面轻松生动、节奏流畅自然、视频内容活泼的特点，在短时间内赢得公众的关注与再传播，使宣传效果最优化。2021 年，《数据看天气》系列短视频荣获第十九届北京科技声像作品“银河杯”科普动画三等奖。

（三）数据可视化题材选择上的深耕

要适应融媒体服务和传播的需求，题材的选择、内容的构思可以说是核心中的核心。好的题材能够提升视频评论率和点赞量，互动增加也会获得播放平台的青睐，主动推荐视频进入较高流量池。为此，视频编辑加大了对数据可视化短视频题材的深耕。

1. 深耕热点　突出气象行业和社会焦点的融合

一个好的气象题材，必然要结合社会关注度和天气热点这两个要素。在全球变暖的大背景下，极端天气气候事件增多，天气越来越多地成为热点话题。面对这种情况，“中国天气”视频编辑关注各种平台热搜，跟随公众关注的焦点，在视频题材选择上紧扣热度话题，从这些热点中寻找气象背景、气象元素，挖掘气象信息，筛选出适宜的短视频题材。

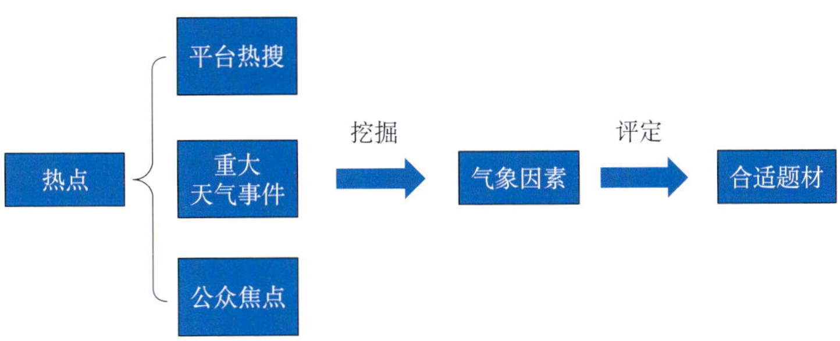

选题流程图 1

按照这种模式，“中国天气”视频团队制作了不少热点题材的气象短视频：例如，针对公众关注季节变化所制作的《这些地方的秋天居然越来越短》；针对 2021 年 1 月华南遭遇干旱推出的《惊！破纪录？！华南这里居然缺雨》等应景的数据可视化短视频。由于有热点加持，短视频的参与度、讨论度有了很大提升。

2. 采用多维度数据交叉分析　向数据“要”题材

传统的气象节目往往针对风、雨、雷、电、雪等天气做文章，气象元素单一。这些内容同质化现象多，而且在气象服务应用软件上，公众也能获得相应的信息。如果在气象数据基础上进行交叉分析、再加工，那就可能获得全新的内容。这是视频编辑挖掘题材的另一种方式——向数据“要”题材。

选题流程图 2

基于这样的设想，视频编辑和气象分析师通过梳理庞大的气象历史数据，寻找其中隐藏的信息和联系，再针对不同季节、不同话题推出服务性更强的气象数据短视频。比如夏秋台风登陆，我们推出《初台风要“报到”　看看它们最爱登哪里》等台风主题的短视频。民众有春季放风筝的传统，视频编辑和气象分析师合作，综合风力、降水预报，设定风筝放飞的 3 种指数，在清明前夕制作了《清明放风筝大赛》；与地方气象专家联手，综合温度、降水、日照等多种气象因素，制作了《赏花天气》系列短视频。这些极具独家气象服务信息的原创短视频，满足了受众多元化的服务需求，并为他们的日常生活决策提供及时和坚实的数据支持，服务意义和价值显著。

（四）视频文稿和制作突出融媒体特色

1. 短小精悍　在文稿篇幅上做减法

当下社会许多年轻人看剧听书已是“N 倍速”设置。短视频创作也有“黄金 6 秒”原则，即 90% 用户停留在一个短视频上的时间约为 6 秒（杨芳，2019）。视频编辑如何在更短的时间里把事情说明白、说得有趣，是增加视频点击量和传播效果的一个重要因素。然而，较短的时长和完整的科普内容表达之间存在着不可避免的矛盾。这在自带科普性质的气象数据短视频中表现得更加突出，也使得编辑在文稿创作上必须追求短而精。

首先，语言要“简洁”。编辑要梳理数据信息，整理条理，再用概括并且简单易懂的文字表达内容，突出重点。其次，短时间内让公众看懂并接受视频内容，需要用口语化的表达。越通俗的表达，公众的理解程度就越高；且口语化简短句式的使用，也可以分解专业、晦涩的专业气象语言，帮助公众抓住视频里的信息。在《初台风要“报到” 看看它们最爱登哪里》这篇文稿中，视频编辑就使用了“性子最急”“最磨叽”等语言分别形容了最早登陆的台风和最晚登陆的台风。形象直白的表述减少了公众的理解障碍，拉近了气象专业知识与公众之间的距离，使科普内容更加接地气，也更容易被公众接受，提升了传播效果。

通过在文稿篇幅上做减法，数据可视化短视频的时长可控制在 1 分或 1 分半钟以内。相较于之前时长达 4～5 分钟的传统科普视频，我们真正进入了“短”视频时代。

2. 视觉设计上做加法

（1）趣味化的场景演绎

如果把选题比作短视频的灵魂、文稿比作用于支撑的骨架，那视觉设计则是一件考究的外衣，能给短视频增光添彩。有创意的设计不仅能加强信息传达，更能抓住观众眼球，增加视频观看和转发量。为了使抽象、复杂的数据形象化、生动化，“中国天气”视频团队根据不同题材进行场景分类，设计出相关的场景进行演绎。例如在对降温的气象数据处理上，团队设计了跳水比赛、滑雪比赛的场景，将城市拟人化地设计成为参赛选手，通过参赛者速度快慢，直观地展现出各城市降温幅度。而在放风筝天气预报中，团队也设计了小人在放风筝的场景，通过风筝放飞的高低，展现风筝放飞天气适宜情况，便于公众理解和接受气象信息。

（2）Q 萌的形象设计

Q 萌的形象设计是增加视频可视性的小创意，虽然它在画面中的占比不是最大的，但因为有了这些形象，画面就变得更加生动有趣了。在展现城市昼夜温差实况的数据中，“中国天气”视频团队设计了骑摩托车的人物形象。一方面通过人物骑行路线的上下起伏，表现了气温的升降变化；另一方面，人物从普通秋装到穿戴围巾帽子的变化，也突出了降温后人们对温度变化的应对措施。这样的双重设计，更具沉浸式和带入式，使气温变化对我们的影响变得具象化。

短视频中的形象设计

Q 萌的形象也可以出现在场景切换中。在《四大古都谁最受雪花青睐》的视频中，我们设计了 Q 版唐代仕女形象。仕女骑马在地图上快速行进，将不同古都的场景串联起来，既具有视觉美感，又有动静构图穿插，使多种视觉形式融合。同时，仕女形象带来一种叙事节奏的变化，更好地吸引了观众的注意力，令观众的观看体验更加丰富。

（3）丰富的色彩和图文 增加画面与融媒体端的适配度

同质化的画面容易使人产生视觉疲劳和审美疲劳。而数据可视化短视频往往被用于手机端播放，小屏幕使得画面细节难以辨识，放大了这种疲劳感。为此，我们用丰富的色彩和图文以减少画面给观众带来的视觉疲劳，增加视频与融媒体端的适配度。在气象数据处理问题上，我们不再是用简单的折线图和柱形图表达数据变化，而是用到一些复杂的动态图表。比如，在 2020 年“中国天气”年终盘点策划中，用玫瑰图展示 2020 年主要城市四季长短，用气泡图展示台风等级以及登陆次数。

此外，色彩的运用上，视频编辑师和美术设计师加强色彩对比，统一产品视觉元素风格。例如，在对强降雨核心影响时段预报的数据处理上，我们吸取数码设计和界面设计的经验，采用极简主义，将柱图简化为动态时间线；在深色的背景图上，配上艳丽的蓝、明亮的绿，用对比强烈的色彩、简洁有力的整体设计突出主题。在《赏花天气》系列短视频中，设计师采用统一清新唯美的画面基调，以丰富的色彩融合、冲击力强的字体设计和统一精致的线面风格，给人耳目一新的感受。

气象数据可视化把枯燥的数字、专业的语言“翻译”成了通俗的语言、动态的画面，从内容和形式两个方面降低了公众对气象知识接受的门槛，让庞大的气象数据生动起来。从现有的收视和创作来看，数据可视化短视频能让我们更快、更有效地把多元气象信息传播到广泛的人群中去，增加气象知识在公众生活、社会热点中的参与度。对于气象数据可视化的使用，“中国天气”也将继续探索向前。

七、分析师 IP 打造：让服务更具象

（一）气象分析师 IP 理念的提出与实施

1. 气象分析师 IP 理念的提出

公众气象影视节目制作是一个特殊的影视行业，既要依靠各类公众平台进行具有影响力的传播，更要依托气象行业专业、权威、精准的解读。公众平台与气象行业完美结合，才能将公众气象服务的影响力最大化，筑牢防灾减灾第一道防线，践行人民至上、生命至上，助力人民美好生活的愿景实现。

从近年来国内外气象影视行业从业人员的发展分析来看，不同的气象 IP 覆盖人群、擅长领域都采取了相应的策略，目前大致可分为三大类。

非气象专业类女性 IP：以韩国、墨西哥等国家为代表的传统天气预报节目的女气象播报员，IP 具有高颜值、生活化，深受观众的追捧和喜爱。

区域或某类气象专家 IP：在中国、美国、印度等国土面积较大、天气多样且较为复杂的国家，不同区域天气变化大相径庭，结合各地需求，了解各地气候背景的气象专家应运而生。出现上述情况，地区特征是一方面原因，除此之外，美国等社会化服务程度较高的国家已经对气象节目主持人设定了认证标准。通过认证的主持人不仅会受到各大媒体的欢迎，还会被授予“国家认证的气象传播学家”这一头衔，相对专业的行业标准助力主持人专业能力提升，形成专业、细分，以及深入解读天气现象、气候事件的行业风气。

深度专业科普达人 IP：无论是国内还是国外，深度专业科普达人像雨后春笋般涌现。社会发展对于知识的普及需求更加旺盛，行业发展需要更多行业

的赋能，新媒体的发展让更多人能更自由地表达观点，而不再受平台和官方的约束。包括 20 世纪 90 年代，为适应社会对气象信息的多样化需求，日本政府允许民间机构发布局部地区的天气信息，气象数据逐渐向民间以及商业机构免费开放。随着社会服务“自由化”程度的日益提升，日本国内设置了需要通过统一考试的“气象预报士”资格认证制度。预报员可以根据各种数据以及自身经验作出判断并对天气进行预测，而不一定遵循日本气象厅的预报结果。在这样的大背景下，日本涌现出许多“自由天气预报员”，不少“自由天气预报员”成为风靡一时的“媒介宠儿”。我国目前也有不少 IP 正在向这个方向发展。

气象赛道针对不同受众对媒体的不同需求，找准更具象精准的气象 IP 定位势在必行，也更符合媒体发展的方向。

2.“中国天气”气象分析师 IP 的介绍

为了能够适应不同媒体气象信息的需求，2019 年开始，“中国天气”结合气象分析师个人风格特点，细化气象赛道中的 IP，打造新媒体气象分析师 IP 矩阵。目前，“中国天气”尝试过和拥有的 IP 有：《首席不胡说》《了姐涨知识》《超人妈妈报天气》《虚拟主播阿准》《Nina 爱运动》《黑坑天气》《风云古谈》。分析师团队中不同风格、不同气质的气象分析师与科普、运动、垂钓、美食等不同领域进行跨界融合，提供了更加有针对性、个性化、定制化、接地气的天

气象分析师 IP—《了姐涨知识》

气象分析师 IP—《首席不胡说》

气象分析师 IP—《风云古谈》

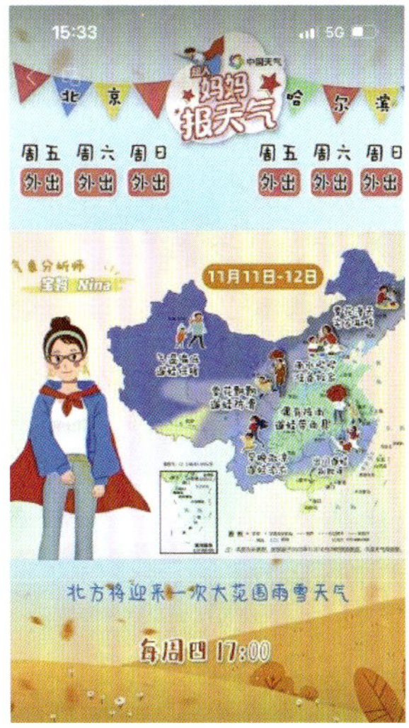

气象分析师 IP—《超人妈妈》

气服务，使得气象内容气象专业 IP 更容易被人们接受，提升了气象 IP 的影响力和凝聚力。

（二）风格迥异的气象分析师 IP 打造

1.《首席不胡说》

《首席不胡说》和《首席有话说》是“中国天气”品牌旗下围绕“中国天气”气象分析师胡啸打造的个人 IP 气象服务品牌栏目。上述栏目以文章专栏、短视频及直播等多种形式，提供包括国内国际重大天气、气候事件解读，农业气象影响分析、气象知识科普等服务内容。

自 2021 年初开始撰写文章专栏，话题涵盖气象科技前沿（“平流层爆发增温”）、天气深度解读（“印度罕见热浪　粮食问题凸显”“汤加火山爆发影响”）以及气候变化科普（“2000 多年过去了春风能否吹过玉门关？”）等内容。用专家独特视角解读国际国内重大天气、气候事件影响，专栏文章多次被新华网、《人民日报》、央视新闻转载，获得广泛传播和认可。

2022 年初，《首席不胡说》推出了视频栏目《首席有话说》，并加入“中国天气”传媒矩阵。该栏目每周更新一次，内容聚焦国内重大天气过程，在转折性、高影响、高强度的天气过程中，通过提炼重大天气过程特点，分析天气过程对人群、行业影响，获得广泛传播。

天气不仅对个人造成影响，同时也对很多行业生产经营造成直接的影响。2020 年下半年，在“中国天气”快手 MCN 矩阵开设了“首席不胡说”子账号，重点结合农业领域，为农民提供天气服务。经过近两年的短视频和直播制作，账号形成了针对气象爱好者科普交流以及东北、西北、华北农民农事生产的服务为主的内容体系。

经过两年的发展，《首席不胡说》品牌在气象服务的舞台上逐渐找到了自己的定位，也发挥着越来越重要的作用。品牌紧跟国内国际重大天气过程，深耕大数据挖掘，撰写或录制有特色的天气节目；在网络中树立权威形象，发出权威声音；在气象服务中借势科普，增加公众对气象认知的兴趣，提升公众防灾减灾意识；通过跨界合作，提供点对点的定制化服务。

2.《了姐涨知识》

《了姐涨知识》是“中国天气”品牌旗下围绕“中国天气”分析师周颖打造的个人 IP 气象服务品牌。通过短视频、直播、科普线下活动、商务全案等多种形式，全方位打造天气热点解读官、天气线下感受官的人设。

《了姐涨知识》系列短视频针对天气热点、老百姓关注的天气，用简单易懂、生动活泼的方式讲解气象知识中的难点，获得超 1 亿的观看量。以打造美

《了姐涨知识》短视频热点解读

《了姐涨知识》与腾讯视频合作《天气王国的秘密》

好生活为服务目标的气象科普类直播节目，《假期天气，了解一下》共 7 期，各平台播放量近千万；以气象 IP 的形式参与商业类天气科普活动全案，开拓此类合作先锋，2020 年与大众途锐合作，完成“逐电之途”活动，通过线上直播、短视频、线下实地车队路线指导，雷电出没地预判、雷电相关科普等方式，将雷电这种天气全方位进行了科普介绍，实现了天气与汽车行业完美融

气象分析师 IP 了姐与大众途锐打造的“逐电之途”系列活动

气象分析师 IP 了姐与北京现代打造的“探寻最美星空”系列活动

合。2021 年与北京现代合作，完成“寻找最美星空”活动，与腾讯视频首次开展付费合作模式，制作栏目《天气王国的秘密》共 8 期，实现社会效益和经济效益的同步提升。

3.《虚拟主播阿准》

随着我国各类视频和直播等新媒体平台的兴起，天气事件、气象信息的传播更加迅捷高效，因此也要求公众气象媒体从业人员及时跟进最新事件，有效传播气象信息。另外，有研究发现，近些年我国二次元用户规模快速增长，截至 2020 年，泛二次元用户规模为 4 亿，市场潜力巨大，但目前我国气象领域虚拟主播均以 AI 产品为主，形式单一。如何针对广大青少年及泛二次元群体的视听偏好推出及时、高效传播气象服务的产品，“中国天气”进行了大胆的探索与尝试。

2020 年 11 月，“中国天气”推出了具有独立个性和人格的 VTuber（虚拟主播）——“天气阿准”，向广大热爱二次元的人群科普气象知识、跟踪天气热点事件和预报、防灾减灾宣传等。作为“天气阿准”虚拟角色幕后的配音和演绎人员，气象分析师王伟跃是“天气阿准”幕后真正的操盘手，不必拘泥于内容录制的时间、地点、形象等限制，能够及时跟进最新的天气信息或事件，有利于气象内容的短平快传播。

2021 年 1 月 1 日，“天气阿准”作为“中国天气”虚拟主播，联合哔哩哔哩网站推出“不惧未知向光前行”独家观赏新年日出主题直播活动；并于同年的“3·23”世界气象日主题活动，又作为主持人参与到相关内容的制作中，起到了很好的传播效果。

2021 年 4—10 月，“天气阿准”受江苏卫视邀请，作为嘉宾参与到综艺节目《2060》的制作当中。在节目中，“天气阿准”向广大观众科普了“一朵云有多重”等气象知识，“一朵云有 20 万头大象重”“虚拟人的应用有多广”等话题登上了微博热搜。据了解，该节目同时段收视排名第一，全网热搜 300+，其中微博热搜 100+，相关话题阅读量超 70 亿。国家广电总局以专题点评的形式表扬此节目，新华社、《人民日报》《中国青年报》《光明日报》《环球时报》《中国文化报》等 20 余家主流媒体发文肯定。《2060》节目还入围了第 27 届电视文艺《星光奖》电视综艺节目。可以说，“天气阿准”IP借助这一“东风”，完成了一次小小的“破圈”尝试。截至2022年11月，“天气阿准 official”账号在哔哩哔哩网站的粉丝数已经超过11万。

“天气阿准”在哔哩哔哩平台的日出主题直播

“天气阿准”2021年“3·23”世界气象日活动

在运营“天气阿准”的过程中，“中国天气”还收获了一群自发对“天气阿准”IP进行二次创作的粉丝群体。他们会自主对“天气阿准”的手绘作品、胸章、玩具等周边进行创作。由此可以看出，“天气阿准”在泛二次元群体中已经产生了一定的积极影响。未来，“中国天气”还将继续深耕，扩大虚拟主播在广大青少年群体中的影响力，将气象信息的传播与科普工作做到及时、准确和有趣。

“天气阿准”参与江苏卫视《2060》节目

“天气阿准”相关话题登上微博热搜

八、气象科普栏目：让公众喜欢看　看得懂

科学素质作为公民素质的重要组成部分，能够反映一个国家和地区的软实力，也是决定自主创新能力和经济社会发展水平的关键因素。习近平总书记在全国科技创新大会、两院院士大会、中国科协第九次全国代表大会上强调，科技创新、科学普及是实现创新发展的两翼，要把科学普及放在与科技创新同等重要的位置。

气象科普宣传一直是公共气象服务的重点工作之一。近年来，中国天气网一直致力于在气象科普领域发声，打造了一系列可视化、趣味化、IP 化科普产品。该系列产品不仅多次被国家级主流媒体转载，还屡次登上微博热搜，引发网友热议，真正做到了让公众喜欢看、看得懂。

（一）防灾减灾系列科普产品：筑牢气象防灾减灾第一道防线

我国是世界上受气象灾害影响最为严重的国家之一。在全球变暖的背景下，极端天气气候事件呈现多发、强发、广发、并发态势，对各行各业和人民群众安全的影响日益加剧，因此强化气象科普势在必行。中国天气网推出“一图掌握灾害防御”系列防灾减灾可视化科普产品，以长图形式科普各类灾害性天气出没规律、特点、防御自救指南等知识，提升公众防灾减灾意识和应急避险能力。

立足气象大数据，更权威更实用。“一图掌握灾害防御”系列科普产品以气象大数据为基础，深入浅出地介绍我国各类灾害天气的特点、形成原理以及时空分布规律，科普不同级别预警信号的发布标准及应对措施，同时针对不同人群、不同场景给出实用的避险防御指南，在确保权威性的同时也大大提高了实用性。

实现主要气象灾害种类全覆盖。截至 2022 年 11 月，中国天气网已经完成台风、暴雨、暴雪、寒潮、高温、干旱、雷电、冰雹等近 20 期防灾减灾主题系列可视化科普长图，实现了主要气象灾害种类的全覆盖。

加强传播力度，不放过每一个契机。在产品的传播方面，除了结合天气过程，在台风、高温、雷电等高影响天气发生时第一时间推出之外，中国天气网也会在全国防灾减灾日等重大活动进行密集推送，抓住每一个契机来强化公众的防灾减灾意识。2022 年 5 月 21 日，恰逢全国防灾减灾日，我国南

“天气阿准”节目封面页

方地区又经历了一次强降雨过程。中国天气网适时推出暴雨防御科普产品《收好这份暴雨避险手册关键时刻能救命》，该产品上线后被《人民日报》官微采用，不到 1 小时阅读量就超过 240 万，相关话题登上微博同城热搜，传播效果显著。

（二）《天气档案馆》：让专业的气象术语不再“高冷”

对于普通公众来说，南海夏季风、副热带高压、东北冷涡……这些气象术语显得神秘而又“高冷”。于是，作为连接气象部门与普通公众的重要桥梁，中国天气网在 2022 年全新打造了《天气档案馆》可视化科普栏目。该栏目以“天气科普加油站，揭秘气象冷知识”为定位，采用第一人称自白体和原创手绘风形式，解读与公众息息相关的高影响天气现象或系统，让气象术语不再“高冷”。截至 2022 年 11 月，该栏目共发布 8 期作品，被《人民日报》、新华社、央视新闻、光明网等主流媒体转载超百次，5 次登上微博热搜榜，相关话题阅读量超 13 亿，中国天气网自有平台阅读量超千万。

《天气档案馆》之《寒潮篇》

创新科普形式受热捧。《天气档案馆》赋予每个气象术语以独家角色形象和专属身份档案，创新采用第一人称自述的形式进行表达，同时配合高度原创的手绘画风，在科学还原气象原理的同时，还兼具艺术美感。网友纷纷表示：

“这样的文章真好看，像看动漫一样”“气象科普做到这个份儿上值得点赞”。

既能贴近生活也能硬核科普。《天气档案馆》聚焦时下最受关注、最典型的天气概念，除关注公众热议的回南天、倒春寒等特殊天气现象之外，还硬核输出东北冷涡、副热带高压等不易认知的大尺度天气系统，通过大量文献调研、专家采访等方式，在确保科学性的前提下，趣味化解读各类天气系统背后的气象原理，帮助公众更全面地了解和应对。

双向互动，有效提升公众科学素养。“南海夏季风到底是一股什么风？”“副热带高压凭啥这么豪横？”“让人七上八下的‘七下八上’到底有多猛？”《天气档案馆》网感十足的语言风格不仅吸引了一票粉丝，还激发了公众对气象知识的求知欲。很多网友主动提供选题，希望可以了解更多自己感兴趣的天气系统科普。这种良性的双向互动，进一步提升了科普产品的传播效果。

（三）节气系列科普：如何在同质化产品中脱颖而出

二十四节气是中华民族悠久历史文化的重要组成部分，2016 年被正式列入联合国教科文组织人类非物质文化遗产代表作名录之后，更是在社会各界引发了一波科普热潮。如何在同质化严重的节气类科普产品中脱颖而出？中国天气网深入挖掘自身优势，通过“节气 + 地图产品”“节气 + 气象大数据”实现强强联合，成功“破圈”。

“节气 + 地图产品”。地图产品一直是中国天气网的独家拳头产品，为了凸显差异化优势，“中国天气”将节气科普与地图产品相结合，比如在寒露节气推出《全国寒露品蟹地图》，在小雪节气推出《全国冬储风味地图》，增加了节气策划的文化底蕴和人文情怀，引发网友的广泛共情。

“节气 + 大数据”。2022 年，“中国天气”深耕大数据，全新推出“节气之最”系列数据可视化科普。通过盘点二十四节气的气象大数据，打造每个节气的“最标签”，并推出相关城市排行榜榜单，让每个节气的科普更具记忆点。仅 2022 年上半年，该系列作品就被《人民日报》、央视新闻、新华社、中新网、光明网等主流媒体、客户端转载 200 余次，“中国天气”各平台阅读量超 2100 万。其中话题“霜降是全年预警最少的节气”登上微博热搜，话题阅读量达到 1.3 亿。

（四）融媒体背景下的气象科普之路

融媒体发展给气象科普工作带来了前所未有的机遇和挑战。一方面，融媒体传播速度更快、覆盖面更广、信息量更大、互动性更强、时效性更长；另一方面，也存在竞争力更激烈、信息源不清、容易被误读等问题。在新形势下，有必要转变传统的科普产品研发思路，结合融媒体时代互联网传播的特点，进一步提升气象科普产品的质量。

1. 内容技术深度融合　实现“1+1>2”

未来，中国天气网的科普产品要在继续坚持“内容为王”的基础上，进一步提高所发布内容的科学性、创造性和艺术性，提升传播内容的品位；同时，在顺应传播方式移动化、社交化、视频化、互动化趋势的基础上，积极运用新技术、新手段，打造更适合融媒体传播环境、适应新舆论生态的气象科普产品。内容和形式深度融合、相互促进、协同发展，才能真正实现“1+1>2”。

2. 细化分众有的放矢　实现精准科普

在融媒体时代，传播者与受众的关系正在发生重构，从单向灌输向双向互动转变，因此要努力打造信息传播共同体、价值判断共同体和情感传递共同体。中国天气网已经在尝试针对不同群体提供差异化的科普，比如在台风防御科普中，针对渔民、农民、海上作业人员等不同人群给出对应的防御提示。未来还将进一步精分受众对象，从科普内容和形式上有针对性地进行创作设计。

3. 从线上到线下　实现立体化传播

目前，中国天气网的原创科普产品已经基本实现了“一次采集，多端发布”，但这里所说的多端还主要局限在线上。未来，还可以利用图书、宣传册等传播手段，主动走到线下，走进科普讲座、科普展览等，实现立体化传播，扩大科普产品的传播效果，助力“中国天气”品牌建设。

九、气象分众科普短视频：让“硬核干货”和受众零距离

2021 年 6 月 25 日，国务院印发《全民科学素质行动规划纲要（2021—2035 年）》，明确提出了对公民科学素质提高的要求和计划。正如习近平总书记指出的“科技创新、科学普及是实现创新发展的两翼”。为贯彻落实党中央、国务院关于科普和科学素质建设的重要部署，多年来，“中国天气”一直以向公众做好科普服务为己任。随着 5G 时代的到来，媒体传播环境不断变革，社会公众对短视频尤其是科普短视频的需求也呈现出日趋旺盛的态势。

天译科技紧扣国家战略布局，借助新媒体阵地优势，通过对人群年龄、文化背景、受众需求等进行细分，形成了分众科普短视频服务矩阵；制作了《天晴小剧场》《风云古谈》《小牛顿气象台》《天气动科普》《数据看天气》等多档科普短视频栏目，全面覆盖公共气象服务科普领域，发挥气象防灾减灾第一道防线作用。在探索如何让科普的温度普及人群、让科学的魅力照亮大众方面，天译科技不断进行媒体产品深度融合创新。

（一）传统是“1”创新是“N”——“1+N”的理念融合

1. 媒体融合大背景下科普短视频现状

随着信息技术的不断发展，短视频正逐渐占据着内容的制高点。与传统媒体相比，短视频更符合用户开展社交的需求，适合碎片化的观看习惯，具有天然的互联网特质及社交属性。在媒体融合持续发展的大背景下，传统的主流媒体都已慢慢进入短视频领域，将短视频作为发展的主要手段。

随着融合的不断深入，受众的兴趣点开始向“硬核干货”转变，科普类短视频悄然兴起，成为新的流量“风口”，亦成为知识获取的崭新场景。以抖音平台统计为例，《2021 抖音泛知识内容数据报告》显示，2021 年抖音上的泛知识内容增长迅猛，播放量年同比增长达 74%，成为最受用户欢迎的内容之一。泛知识内容播放量已占平台总播放量的 20%，短视频发布平台已经成为知识传播的重要阵地。

2.“气象 +”的概念将“1+N”理念落到实处

气象科普短视频的出现使得“气象 +”的概念生根发芽：气象科普脱离传统科普“单打独斗”的样态，就如同大树坚实的“根基”，结合新的领域、新的形式、新的解读，在不断融合当中“生枝开花”，突破创新，衍生出全新的样态，在一定程度上拓宽了气象科普类节目的发展空间。目前，我们的气象科普节目已经涉及“气象+实验”“气象+剧情”“气象+电影”等全新的节目形式，融合也是全新的开始。

2020 年底，“中国天气”自主开创了以剧情作为载体、将气象生活科普融会贯通的泛生活类节目《天晴小剧场》。该节目以崭新的形式，为受众拓宽了气象认知：“原来天气也可以这样有趣！”节目内容包括由气象引发的身边趣事、网络上跟气象有关的爆款话题以及生活技巧、防灾技能、健康安全、科学新知等趣味解析。节目一经推出，就受到了各平台的推荐和受众的赞许。

与此同时，另一档跨界的气象科普类节目《小牛顿气象台》也破土而出。节目着力于新媒体传播，立足学龄儿童，用小朋友们听得懂的方式，辅以卡通道具、微型小实验等形式，揭示天气气候现象背后的知识。“气象 + 实验”“气象 + 卡纸动画”等新颖的节目形式竞相绽放。

3. 科普短视频的文化赋能让创新理念再加“1”

从文化生产和传播的角度来说，在视频社会化时代，以快手、抖音短视频为代表的视频平台也日益介入到当代文化知识的生产和传播过程中，极大地改变了传统媒介对于文化知识生产和传播的方式。

随着数字技术的不断发展，人类的知识生产与文化传播的视觉化和视频化趋势愈加明显。短视频日益成为文化传播的重要力量。在弘扬传统文化方面，传统文化逐渐成为视频“网红”火了起来。在文化全球化发展的基础上，文化融合更加多元，通过融媒体传播的形式，特别是使用以互联网为载体的媒体进行文化的传播，能够有效促进不同文化之间的融合发展，丰富了文化的内涵。

科普短视频的制作样态更加趋向于贴近符合时代要求的发展方向。在相对晦涩难懂的气象科普视频当中，必须将知识从原来的领域“嫁接”到人文领域当中，从而提升整体节目的贴近性。深耕内容创作，将优质内容赋予文化、故事、价值观，满足受众对于知识学习和文化参与的双重需求。

在《天晴小剧场》节目当中，策划制作的《扫尘还能让我们快乐？》《杨贵妃的荔枝到底从哪里来？》《求解！日晕天象在古代预示着什么？》《为何清明时节雨纷纷？今天可算懂了》等节目，让受众重拾历史典故、奇特天象中富含的天气学原理，了解传统文化对于现代生活的指导意义。在视频社会化时代，这些节目的出现很好地诠释了文化融合的定义。

（二）传统是“点”创新是“面”——多点成面的内容融合

传统媒体点状的单一传播模式，将内容分发给受众。短视频则大不一样，受众可以实现无时差互动，达到多点成面的效果。

作为科普内容分发与传播的重要环节，渠道的作用不容忽视。在新媒体时代下，各种内容平台纷纷涌现，科普内容的分发形式也变得更加多元。相较于传统分发渠道，新媒体时代下的分发渠道有着更强的互动性，拥有更多反馈机制。创作者可以通过点赞、转发和留言评论，了解受众喜好、习惯，及时调整内容以满足受众的需求，从而获得更好的科普效果（彭佳倩 等，2022）。

1. 内容定位垂直和精准　平易近人

在融媒体时代下，科普短视频内容呈现出社交化、娱乐化、游戏化的特征，受众更需要能够将科学知识“翻译”成更加通俗易懂的专业科普内容的创作者。创作者需要放下架子，深入了解受众，并根据受众需求调整、优化内容，从而取得更好的科普效果。

此外，新技术和新媒介的不断发展也为科普内容的传播带来了巨大的变化。在算法技术的加持下，垂直领域的科普内容能够精准地覆盖到特定人群，从而提升传播效果。

作为短视频的创作者，分析受众定位，了解不同年龄段、不同领域内人群对于气象科普的内容需求，是内容融合中十分重要的一点。

《天晴小剧场》受众定位为30岁以上对气象生活科普知识感兴趣的人群；

《小牛顿气象台》则更加符合 5～10 岁学龄初期儿童的“口味”。

2. 题材选取受众更具话语权

短视频讲究“以短见长”，浓缩即是精华。如何让“高大上”的气象知识更加普适，在以秒为单位的时间里让受众迅速找到爆点，在题材的选取上要具备“慧眼”。

3. 社会热点话题更易形成传播规模

将社会的热点话题、季节节令和天气生活等相关的内容作为气象科普的出发点，在受众热议话题持续发酵之时，我们以靠谱且相对唯一的气象数据作为支撑，加上符合网络化的解读，将趣味和专业融合得恰到好处。

《天晴小剧场》当中，《高温热瘦大闸蟹，是事实还是谣言？》《鱼跃水面竟是高温惹的祸？》《你囤菜了吗？居家囤菜科学保鲜了解一下！》等节目，正是切合当下受众热议的网络热点话题，将趣味性题材与专业性解读相融合的典型例子。

4. 平台运营诉求助力传播效果

“专业机构＋短视频平台”逐渐成为重要的内容生产形式，越来越表现出“1+1>2”的效果。

依托各大平台的规则，突出融媒体互动性强的特点，寻求平台内时下与天气气象相关的线上活动，密切关注已发布内容的有效真实反馈。如受众的评论信息，以及平台各大榜单中可借鉴的表现形式等，“中国天气”用各种奇思妙想，“拨动”大众的心弦、“撩”起人们对于获取科学知识的渴望，塑造出良好的知识传播环境和氛围。

《小牛顿气象台》参与的“星河知识计划”“璀璨科学星”等针对青少年的热门活动，有针对性地投放相应儿童科普内容，以及在六一儿童节参与的“全国各地来上分”和“儿童节”相关热门活动，在形式上和内容上有所突破，对节目的推广提供了一定帮助，获得了良好的影响和反馈。

（三）传统是单一 创新是多元——单一与多元表现手段的融合

1. 运用多样化手段 让气象元素“可视化”

气温、气压、风、湿度、云、降水等我们所熟知的气象要素，它们的起伏变化往往与数据公式紧密相连。但是对于普通受众而言，这些数字往往会在他们的头脑中形成一个个问号，成为横在受众和气象知识科普中的一道坎。将抽象的元素具象化，就成为气象科普节目可视化表达的第一步。

随着天气事件的频发，公众对于防范恶劣天气的安全意识也逐渐增强。作为气象科普宣传的出口，我们除了要增强预警预报的及时性和全面性之外，更要让公众真正理解、看懂这些天气预警预报提示的内容。基于此，我们在科普节目中，通过演绎、动画、道具演示等多样化的手段，告诉受众暴雨天气下的危害，“台风来了怎么办”“雷雨天究竟如何避免雷击”，等等。

（1）情景剧演绎

通过故事性表达，将气象专业领域的内容转变为易接受、易沉浸的方式，贴近受众生活。

（2）拟人化演绎

通过将气象专业术语转化为人人都能听得懂、偶尔俏皮的语言，将各种气象名词“拟人化”，再佐以适当的幽默感，让原本晦涩难懂的天气气候知识顿时变得生动、有趣起来。甚至是一些看似枯燥的实验现象，也被赋予了新的内涵。

（3）手工动画演绎

设计符合节目定位的 IP 形象，手绘或动画制作相关气象元素和节目内容所需要素，并通过逐格动画或手动演绎等形式进行展现。

（4）实验重现演绎

模拟真实风、霜、雨、雪等天气场景，将可看性和悬念感拉满，真实易懂，可操作性强，普适效果佳。

在《天晴小剧场》中，我们制作了气象预警等级相关系列节目：《你知道大风能跑多快吗？》《辣么大的冰雹，你顶的住吗？》《你被多大的雨浇过？身体力行教你如何区分降雨量》《降雪量换成棉花糖，你能吃多少？》等。

《天晴小剧场》中《你知道大风能跑多快吗？》节目视频截图示意

《天晴小剧场》中《你被多大的雨浇过？身体力行教你如何区分降雨量》节目视频截图示意

《天晴小剧场》中《降雪量换成棉花糖，你能吃多少？》节目视频截图示意

在《小牛顿气象台》中，我们策划设计了“云朵公寓”系列节目，将多样且不好识别的云朵“拟人化”，让它们依据自身特点，住进了云朵公寓相应的房间，降低了小朋友们的接受难度，呈现出气象科普人性化的一面。

《小牛顿气象台》云朵公寓系列视频截图示意

2. 运用多样化剪辑技巧　让故事更“抓人”

互联网的快速发展将社会引入到工具与渠道发展的融媒体时代，短视频的呈现方式，已经摆脱沉重烦琐的编辑软件，甚至我们只需要一部手机，就可以完成短视频的剪辑，大大降低了制作成本。但同时，这对于短视频剪辑的技巧又有着更高的要求。如何在众多视频内容当中脱颖而出，这是每一个融媒体时代短视频制作者所思考的问题。

（1）注重开篇重要性

在“黄金 5 秒”抓住更多受众的眼球，运用更大胆的剪辑思维，力争做到每 10 秒一个关注点，了解受众需求，捕捉受众的停留时长，不断创新；不同以往铺陈叙事的方式，将“高潮”前置，尽可能突出戏剧冲突，让受众带着疑问观看。这样看似简单的编辑手法，实则体现的是编辑对于内容的把控和理解。

（2）注重节奏和叙事

结合融媒体时代大背景，科普短视频的编辑手法更加注重节奏感和叙事结构，运用综合镜头的方式来改变故事节奏，营造更吸引受众的氛围感。

（3）注重多元要素表达

与以往的视觉呈现不同，通过声音、音效、字幕、表情符号等元素，多方面营造氛围，最大化放大内容表达。在技术实现上，通过画中画、绿幕抠像技术、分屏移轴等效果，让画面的呈现更加丰富多彩。

3. 运用多样化技术手段　让制作效率大幅提升

随着制作技术的不断更新，编辑手段更加多样，编辑软件也是五花八门：除了我们熟知的 Premiere、Final Cut Pro 等，AE、C4D 等更有针对性的后期编辑软件大量出现；同时，更多手机端产品应运而生。操作简便快捷的编辑软件让技术不再成为融媒体发展时代短视频制作的瓶颈。如现阶段，剪映、快影等编辑软件的普及相当广泛，用户甚至可以运用流行的编辑模版实现想要的可视化效果。

这些创新，很大程度上节省了传统节目中因搭建拍摄场景、传导庞大视频素材、后期费力剪辑而消耗的大量时间。

习近平总书记在谈媒体融合发展时强调："融合发展关键在融为一体、合而为一。""1+N"的理念融合、多点成面的内容融合、单一多元技术手段的融合，都是新时代中国现代化发展的必然趋势，体现出受众欣赏水平的提升，价值理念的进化。气象科普服务短视频一定要与时俱进，在传统和创新大融合之下，让"硬核干货"和受众零距离。

十、节气科普短视频：开创节气"文化"与数据"科学"的融合

二十四节气不仅是我国重要的文化遗产，更是中华民族文化认同的重要载体。然而，长久以来，中国传统的二十四节气都更像是一种"文化"，而不是"科学"。之所以令人产生这样的印象，原因恐怕在于二十四节气缺少与现代科学数据的融合。"中国天气"融媒体中心独立开发的节气科普服务短视频，依托中国最大、最权威的气象数据系统，在庞大的气象数据中寻找节气的普适性与地域性，将深入的科普内容与网络短视频传播特点相结合，把复杂的气象数据转化为直观易懂的科普短视频，是一种全新的尝试，并取得了不错的传播效果。

"春雨惊春清谷天，夏满芒夏暑相连。秋处露秋寒霜降，冬雪雪冬小大寒。"这首二十四节气歌如今仍在流传，短短的 28 个字凝聚了中华民族千百年的智慧和文化。二十四节气指导着农业生产和日常生活，是中国传统历法体系及其相关实践活动的重要组成部分，是我国独有的古代气象学，深刻地影响着人们的思维方式和行为准则，是中华民族文化认同的重要载体。2016 年，二十四节气入选联合国教科文组织非物质文化遗产代表作名录，国际气象界更是称之为"中国第五大发明"。自 2016 年二十四节气被列入非遗代表作名录后，人们试图将它重新拾起。传播过程中应当确保文化的准确性和科学性，避免低俗化和过度商业化现象，在此基础上，二十四节气结合融媒体、现代生活、数字技术进行内容和技术创新。只有不断让二十四节气这样的优秀非遗文化与时俱进，才有助于构建人类命运共同体，推进人类社会可持续发展（张璇，2022）。

“中国天气”融媒体中心独立开发的节气科普服务短视频旨在用现代气象科学的数据和原理，以视觉化的产品，直观呈现二十四节气的科学性、适用范围，传播气象科学知识，深度解读传统文化。

（一）资源融合：在庞大的气象数据中寻找节气的普适性与地域性

二十四节气是我国劳动人民在长期实践中总结出来的经验，但是，古代缺少对于气象数据的记载，很多经验虽然不断被验证乃至成为规律，在数据时代却仍缺乏科学的说服力。“中国天气”融媒体中心依托中国最大、最权威的气象数据系统，将气温、降水、风力、日照、云量等多种气象要素重新按照二十四节气的时间点划分整理，用气象数据支撑起二十四节气的科学性与普适性。

然而我国幅员辽阔，经度与纬度跨越都很大，自然条件复杂，气候多样。在节气的发源地——黄淮、江淮地区，二十四节气普适性最为明显；但在另一些地区，数据显示出不同节气具有各不相同的地域性。不仅如此，地球的气候也在不断变化，数据体现出一些节气的气候特点也已经产生了些许不同。在资源整合的过程中，怎样理解这种普适性与地域性，并将其中的气象知识传播出去，正是节气科普服务短视频需要解决的问题。在实际制作中，我们注重“面”（普适性）与“点”（地域性）的融合，《节气冷知识》系列短视频的名称正体现了这一点：“知识”即是节气特点的普适性，而“冷”则是那些有特殊地域性的、超出一般大众认知的有趣数据。

（二）思维融合：深入的科普内容与网络短视频传播特点的结合

每进入一个新的节气，各大网络平台的节气相关视频发布量和点击量都会明显上升，这说明公众对于节气的关注度始终热情不减。但仔细观看这些短视频，就会发现其内容相似度很高：养生、科普、民谚，多数节气短视频关注的都是这三大领域的内容。其中，养生类短视频多以指导人们顺应节气变化调整饮食、提醒人们注重养生为主；科普类的内容多为简单讲述二十四节气的起源、发展、原理、各个节气的含义、物候特点等；民谚类则偏向介绍与节气相关的民间习俗或谚语。

这些短视频最突出的问题就是多以浅显的科普内容为主，涉猎广泛，但不够深入，通常只是单纯的罗列，缺少专业分析，内容雷同。视觉设计方面，相关视频多是文字介绍+美景或手绘插画，再配以古风音乐，同质化严重，容易令人产生审美疲劳。

在分析了以上问题后，节气科普服务短视频编辑决定深入科普，以更符合手机移动端的竖屏形式，迎合用户利用碎片化时间获取知识的行为习惯。2022年2月4日立春日当天，《节气气象馆》和《节气冷知识》同步上线。其中，《节气气象馆》以地图动画、数据可视化为主要形式，视觉内容丰富，同时兼顾了传统电视受众喜好；《节气冷知识》则创造了全新的IP形象——“阿用”，使短视频更具亲和力和互动感。这两个系列将复杂的气象数据转化为直观易懂的科普短视频，都取得了不错的传播效果。

（三）以《节气冷知识》为例：打造具有广泛影响力的中国科学与文化符号

近几年，“国潮”一词兴起并广泛流行，国产商品走红、国产动漫爆火、老字号焕发新生……“国潮”正在成为当代年轻人的一种消费趋势和审美趋向。“国潮”是传统与现代的融合，体现着我们的文化自信。好的“国潮”绝不会只流于表面的形式，真正有传统文化根基的产品才能持续输出价值。《节气冷知识》乘“国潮”之风，以IP赋能气象科普知识传播，力求打造具有广泛影响力的中国科学与文化符号。

1.“国”——文化内涵、科学精神

（1）文化内涵——IP设定的意义

《节气冷知识》的IP形象“阿用”，原型为中国神话传说中的神兽“角端”。“角端”与麒麟相似，头上一角，据说能够日行一万八千里，通四方语言，因而四海之内畅行无阻且知天下事，象征着国泰民安、吉祥如意、风调雨顺。“阿用”的名称来自于“角端”的“角”，字形相近但更利于传播，其含义为“节气

有用”。

（2）科学精神——节气中的各学科融合

科学的研究、数据的解读，正是目前二十四节气相关短视频当中较为缺失的部分。做严谨、权威、深入、有趣的节气科普视频，才有利于正确引导大众对于二十四节气的认识。

二十四节气不是一门孤立的科学，相反，它所涉及的学科领域非常广泛：天文学、气象学、历史学、人类学、农学……甚至中国的传统哲学。《节气冷知识》以深入挖掘节气的气象规律为主，并且注重结合其他学科知识，避免内容单一、视角狭窄。此外，短视频的结尾部分设置了“好有一比”，用类比的方式再次对前面的科普内容进行通俗的解读，增强了趣味性。

2.“潮”——视觉设计、传播特点

（1）视觉设计——塑造IP形象文化

形象IP的主要特点是符号性和象征性，打造专属的IP形象能够更好地吸引受众，更有利于二十四节气科普知识的传播。进行IP形象设计前，需要对市场需求进行充分的了解与分析，兼顾观众喜好与IP的文化价值。《节气冷知识》“阿用”的IP形象设计提取了中华传统文化元素，以“角端”为原型，将现代视觉设计加以融合，运用概括与抽象的方式，化繁为简，使设计出来的产品形象与大众审美更加契合。在设计细节方面，设计师吸取了代表自然的深绿色为固有的主色调，又根据对春、夏、秋、冬四季变化的视觉感受设计了4种“阿用”的角的颜色，对不同时期的“阿用”做了细微的区分。

“阿用”春、夏、秋、冬的设计图

在肚子上添加了“中国天气”的图标，让“阿用”在具有象征性与符号性的同时看起来可爱呆萌。动画制作时的背景设计风格清新明快，在视觉上与

IP 形象自然、简约、卡通的画风形成统一，不仅符合二十四节气主题，也有效地传递了信息，获得了观众的青睐。这样系列化的设计，塑造了有“中国天气”特色、文化底蕴的“阿用”形象。

“阿用”动画截图

（2）传播特点——以 IP 形象为载体的系列小视频

“阿用”的 IP 形象外观美观、有辨别度，适用于文化传播，不仅减少了观众对它的适应时间，也增加了观众认同感，短时间内拉近了人们与 IP 形象间的距离。同时，结合具有制作成本低、周期短且传达信息清晰直观等特点的 MG 动画制作技术，以“阿用”的动画搭载语音信息为表现形式，塑造品牌形象；在融媒体语境下持续输出有辨识度的、内容优质的信息，促使“阿用”的形象深入人心，让观众对“阿用”产生兴趣、注入情感，从而增加粉丝基础、受众体验、保持 IP 形象的持久热度。

十一、气象科普中视频：融媒体时代气象科普中视频的迭变创新

一直以来，专题专栏节目都是气象科普不可或缺的内容。传统媒体时代，专题专栏节目以专题片、纪录片、动画片、演播室访谈等形式为主。融媒体时代，媒体环境和用户需求在不断变化，专题专栏节目也随之演变成与直播、短视频相对应的中视频。中视频这一内容形态兼具短视频的时长优势和长视频的内容优势，其时长在 1 分钟以上，画幅更宽广，信息更丰富，且剪辑精良。相比短视频，中视频更适合气象知识类科普产品，它所展现的信息量更加丰富，与用户之间的连接也更久，一定程度上解决了由碎片化而导致的信息不全、片

面化等问题，有充足时间展示内容的独特魅力，提升用户黏性。面对媒体融合发展的新形势，如何加强阵地建设，打造融媒体产品，扩大传播力和影响力，“中国天气”一直在探索。“中国天气”主动适应融媒体的快速发展，顺势而为，做好“融合”，以“内容为王”加大气象科普中视频资源的开发，打造精品化、系列化视频产品，创新中视频的内容、表达形式、传播方式，塑造气象科普品牌，在媒体融合发展中全面提升气象科普中视频的质量和效益。

（一）融出能量，筑牢气象科普“主阵地”

多年来，“中国天气”专门制作、引进了大批优秀科普专题节目。《气象万千》《人与气候》《四季养生堂》《二十四节气》《风云纪录》《中国地理探奇》等多个科普系列节目，以丰富多彩的形式将气象防灾减灾、应对气候变化、气象生活等科普内容快速有效地传递到观众眼前。紧扣综合防灾减灾这一社会热点，2012 年 4 月，由中国气象局和民政部合作的《中国减灾》正式播出，该栏目是国内第一档防灾减灾综合访谈类节目。随着新媒体的快速发展，时长 25 分钟的《中国减灾》并不利于在网络、移动端等平台传播。转型是大势所趋，传统媒体与新媒体相融才有出路。2016 年起，《中国减灾》加快向融媒体方向发展，从视频的制作之初，便应用互联网思维进行节目内容的策划与制作，紧紧抓住“用户思维”，汇聚正能量，产生新内容，使之能更符合互联网时代下的互动性、时效性等特点，实现碎片化、多平台传播的需求。但视频制作并没有完全抛弃传统媒体时代的宝贵经验和工作方式，依然坚持“内容为王”，发挥采编与影视制作的优势，内容生产稳步提升，循序渐进地形成气象防灾减灾科普的“主阵地”。

节目形式从虚拟演播室到外拍，从专家访谈到灾害救援专家做权威指导，形式的创新大大提升了视频的传播效果。创新优化视频的制作方法，更加直观、生动地展示台风、暴雨、高温等自然灾害的影响以及防御措施，采用专家讲解与现场演示相结合，综合图表、动画、视频等表现形式，科普专业性与形式多样性并存，结合热点进行多维度灾害科普和多方位的灾害自救指导。这样不仅能吸引用户观看，更便于用户迅速掌握要点。而且从形式多样化与内容创新度上，节目还增加了小贴士、名人名言等方法，提升节目的可视性和传播性；同时，针对同一主题提出多个小问题，便于节目视频“长＋短”结合。节目在爱奇艺、微博、微信等多平台进行传播。

其中，《中国减灾》栏目《行车安全——雨天行车有诀窍》中的一条视频《被困水中的逃生秘籍》，时长3分钟左右，采用情景剧、模拟灾害现场等方式，将车放入水中，邀请专业领域的专家进行现场讲解演示，确保科普视频的专业性，结合动画、街采等多种表现形式，将科普内容可视化，更加直观、生动形象，给观众留下深刻印象。

《被困水中的逃生秘籍》视频相关内容

剪辑风格上，“中国天气”融合专业解读的严谨性以及便于科普传播的娱乐性以提升节目的可视性和传播性，适合网络、移动端等多平台传播。视频被平安北京、《人民日报》《环球时报》《法制晚报》、头条新闻、北京视点等10余家官方微博转载，阅读量累计2000余万，成为气象防灾减灾科普视频的“爆款”。同时，视频还被北京卫视《法治进行时》栏目录用并播出。

（二）融出质量，画好气象科普“同心圆”

媒体融合进入深水区，视频制作的门槛大大降低，吸引了越来越多的用户加入到自媒体的创作。为了在海量视频竞品中脱颖而出，打响品牌，“中国天气”紧跟社会关注热点，坚持内容创优，精心打造优质原创产品，深挖气象科学、气象文化中的闪光点，在发挥广电媒体优势的同时，从源头上就以用户的思维去考虑选题和创意，创新科普视频的拍摄表现方式和制作手法，以高质量的视频吸引观众。内容有新意，才受欢迎；有特色，才能更出色。精准研判与用户切身利益有关的焦点问题，“中国天气”秉持“用户思维”，针对不同用户群体改变相应的话语方式和表达方式，深耕“气象+”垂类中视频产品。以内容创新抢占发展优势，多渠道发布，协同形成气象服务科普中视频的“同心圆”合力。

推进媒体深度融合，内容建设是根本，以优质内容吸引不同圈层的受众。内容本身是否好看实用，传递的价值是否契合受众心理是重要评判标准。从根本上讲，就是找准与民众诉求、社会需要、热点议程的契合点和关联点。紧扣社会热点二十四节气，“中国天气”策划了《二十四节气茶》系列视频，探寻每一种茶所蕴藏的大自然的节气密码。运用大量特写镜头，带领观众深入茶的世界，品味茶的故事，感受茶的魅力。特写镜头将茶放大，使观众融入茶，真正细致地观察茶。茶美丽的纹理间，都是四季流转和文化沉淀的呈现。《二十四节气茶》系列视频根据节目的内容，适时加入古诗词，有助于节目主题的深化，使节目更有文学风骨，从而提升节目文化韵味。深入挖掘节气特色，精心设计道具服饰，烘托节目氛围，进而还起到深化主题的功能。

视频《二十四节气茶》

大暑节气介绍的是解暑的茉莉花茶，道具设计了盆栽茉莉花及嘉宾服饰的荷花（因为大暑所在的农历六月也称“荷月”）。到了霜降节气，视频就将应景柿子作为茶宠点缀其中。目前,《二十四节气茶》已经发布 70 多期,在中国天气网、百度百家号、搜狐视频等多个平台发布,播放量累计近 3000 万次。

针对儿童受众,“中国天气”精心策划天气现象实验类系列视频《我的天呐》。视频将一些日常生活中发生的天气现象结合大气与物理原理展现出来,时长在 3～5 分钟,采取儿童情景剧的方式,语言偏于口语化。从选题策划开始,就以孩子的角度出发,选择真实有趣的生活现象,激发孩子的创意思考。参与视频拍摄的一位妈妈和两个女儿,通过情景剧的演绎,用很通俗的话给孩子讲什么是天气、气候变化。视频《夏天海边的声音》《艾莎的魔法》《声音会跳舞》让孩子置身实验的互动中,亲身体验感受本来习以为常的天气现象,自然而然地用科学的角度思考问题,激发孩子们对于气象的浓厚兴趣。

《我的天呐》片头

《我的天呐》之《爱莎的魔法》

《我的天呐》之《蜡烛黑体》

（三）融出力量，蹚出气象科普“新路子”

媒体深度融合，本质上是从“相加”到“相融”，实现优势互补、迭代升级、此长彼长。“中国天气”气象科普中视频在媒体融合的道路上不断转型升级，使科普内容贴近民生“蹭”好热点，温暖呈现，更注重正面宣传内容的质量和水平，打造了一批有情节、有人物、有正能量的作品。

技术加持策划创作，同频共振一体联动，打造融媒体产品典范。《风云变幻　薪火相传》系列视频紧紧围绕庆祝中国共产党成立 100 周年这条主线，突出以人民为中心，深度开掘气象题材作品。坚持守正创新的创作理念，通过新媒体的科技赋能助力，采取“艺术 + 技术”的融合传播手段，利用中、短视频的传播优势，瞄准叙事表达“年轻态”，勇于突破，通篇实现“去解说词化”。视频没有一句解说，全部采取同期声的方式，摆脱了过去电视政论片、专题片依靠解说词一贯到底的模式，不搞生硬说教，令人耳目一新。《风云变幻　薪火相传》系列视频以小故事体现大情怀，以小切口展示大时代，灵活采用人物采访、故事讲述、画面混剪等影视技术手段，提升镜头语言的新鲜感、冲击力和表现力，用精彩的瞬间、感人的细节充分展现在党的领导下，气象事业不断开拓进取、攻坚克难、创新发展的光辉历程。视频充分彰显了融媒体产品的技术特征，节目信息量大，节目制作的方式更加精细、制作手段更加多样化。同时，在传播手段上，《风云变幻　薪火相传》系列视频融合电视端与新媒体端优势，“大屏”“小屏”同频共振一体联动，体现出了社交化、移动化、视频化

致敬建党百年系列短视频《风云变幻　薪火相传》之《初心如磐》

致敬建党百年系列短视频《风云变幻　薪火相传》之《赓续奋斗》

致敬建党百年系列短视频《风云变幻　薪火相传》之《薪火相传》

的趋势，带来更多新鲜可感的视觉体验，大大拓展了传播路径，增强了传播效能。全方位、多样化营造同庆百年华诞、共铸历史伟业的浓厚氛围，在重大时间节点彰显气象媒体的责任和担当。视频于 2021 年 6 月 30 日起，在“中国天气”各个新媒体渠道发布，播放量达 200 多万。

提高站位，技术赋能内容创新，实现“出圈”传播。气象科普着力“蹭”好热点，俯下身子接地气，挖掘数据背后的“真相”。2022 年，在党的二十大召开之际，“奋进新时代”主题成就展在北京展览馆举行，《风云卫星眼中的美丽中国》科普宣传片亮相展览，备受关注。视频内容基于风云卫星长期持续监测数据，通过 2012 年以来全国植被指数以及黄土高原、三江源、长江流域生态环境质量监测状况的变化，展现我国生态文明建设成就，体现了气象服务保障生态文明建设的工作成效。视频中，经过数据化处理的动态变化监测图与大美中国的高清画面相得益彰，配以《我爱你中国》的音乐，综合运用融媒体手段从影像化表达视角独特诠释了“坚持人与自然和谐共生　美丽中国建设迈出重大步伐”的主题，向公众科普宣传气象卫星如何助力美丽中国建设。不少观众在展区的《风云卫星眼中的美丽中国》科普宣传片前驻足拍照，被气象卫星监测图像深深吸引。气象科普中视频在国家级大型主题展览中意外“出圈”。

（四）融出分量，走活气象科普“一盘棋”

不论传播环境如何改变，“中国天气”做好气象科普传播的初心始终不变。气象科普中视频的发展不应脱离媒体的社会责任框架，并不是一个简单的追逐流量的过程。气象中视频产品必须保持自身的公信力和引导力，坚持内容为王，创作出优质的媒体内容来吸引关注。坚持用户需求导向，将气象媒体内容优势、技术优势、用户资源等合理匹配，利用自身优势适应视频化的行业新形态，并以差异化优势实现自身战略转型和创新突围，打造更加符合公众需求的气象科普产品。

“中国天气”在媒体融合的道路上，台、网、微、端的媒体力量融合相生，通过不断拓宽传播渠道和平台终端，做“精”、做“实”、做“稳”，形成“融为一体，合而为一”的全媒体传播矩阵，拥有更强大的传播力、公信力、影响力，让融媒体这一盘棋下出精彩。

面向综合视频的未来，气象科普中视频所实现的价值或许可以在更大的空间表现出来。推创新、破难题、激活力，立足用户进行内容创作精心打磨，以市场化思维实现科普中视频创新发展。创作形式新颖、传播力强、影响广泛的产品，创作有温度、有力量、有情怀的内容，成为气象科普中视频媒体融合追求的终极目标。

中篇　器变

——强化创新驱动，实现技术融合

第七章 技术在气象媒体融合中的基础性、支撑性作用*

近年来，华风气象传媒集团按照党和国家总体布局、中国气象局具体工作要求，不断推进部门融合和业务整合。天译科技目前承担中国气象局两大对外服务平台——中国天气网和中国天气频道的运营工作，具体涵盖电视、网站和新媒体等媒体平台的内容生产、信息传播和业务播出等业务。从业务积淀角度已经具备了媒体融合的基础条件，但通过实际业务调研结果发现，中国天气网和中国天气频道在业务系统支撑方面存在系统分散、系统老旧等问题，对于业务融合、资源共享和提升媒体内容生产加工能力等方面有较大制约，已不能适应融媒体时代自身业务发展的需要。

“中国天气”自有媒体融合经历了内容生产、平台融合和体系融合 3 个阶段。在内容生产阶段，媒体生产了大量的资讯、图片、短视频、灾害直播等产品。随着产品越来越多，渠道越来越丰富，就需要一个融合平台对线索抓取、选题报题、天气信息获取、气象数据查询、素材采集和智能加工等内容生产全流程进行管理。气象媒体融合不应只局限于改造一个演播室，开发建设一个平台，而应当发挥管理优势和技术创新能力将气象融媒体做成一个生态体系，形成一个融合体系。

* 第七章至第八章由梁乐宁执笔。

一、技术创新是公司发展的核心竞争力

技术创新是指技术的新构想，即经过研究开发或技术组合到获得实际应用，并产生经济和社会效益全过程的活动。通常意义下，技术创新包括两方面：开发新产品和研发新技术。有效的技术创新将会带来技术创新成果，未来有望发展成为公司的核心业务，并最终为市场和用户所认同；同时逐渐形成天译科技新的核心竞争力和技术优势，从而获得持续的竞争优势。因此，技术创新是核心竞争力建立的关键所在。

（一）技术创新方向构思

技术创新的起步阶段就是技术创新方向的构思，这个阶段需要公司决策团队和员工大胆想象，勇于突破常规，积极献计献策，这是技术创新的基本动力。创新构思的产生需要团队提出有价值的创新设想，鼓励员工并激发他们新构思的热情，同时保持团队的创新积极性。全面贯彻党中央、中国气象局及华风集团关于媒体融合发展的指导意见，结合天译科技的业务经营方向不断加强创新。

（二）技术创新团队组建

组建优秀的创新团队是技术创新取得突破获得研发成果的决定性因素。公司决策团队需合理选择人员，在公司内部选择业务经验丰富、主观能动性强、技术研发经验丰富和具备创新意识的骨干人员，组成创新团队。团队成员由气象专业、媒体专业和IT（互联网技术）专业背景的员工组成，可满足媒体融合时代对于技术创新和产品创新的需要。

（三）开放合作氛围形成

技术创新存在不确定性和风险性，人员、成本和研发周期长短等因素将会影响研发工作的开展和持续。在团队内部营造开放、创新、合作的文化氛围是技术创新工作得以顺利开展和实现的必要条件。技术创新依靠个人的力量是不可能实现的，每一项创新成果都是集体智慧的结晶。因此，没有良好的团队合作精神、创新的文化氛围，就不会有高效率、高质量的技术开发成果，也就不会形成有效益的技术创新。

二、技术创新是媒体深度融合的驱动力

随着媒体融合的发展和新技术的不断涌现，技术的进步与创新正在成为媒体深度融合的驱动力。天译科技负责“中国天气”品牌在全媒体平台的传播和运营，秉持“天气通讯社、百姓贴心人”的定位，同时代表官方权威国家级气象服务传播和气象信息服务方向，具备专业的全媒体传播、互联网运营和数据处理技术。技术团队能否顺应融媒体时代气象服务需求的变化、不断研发新技术和新产品是公司能否在媒体融合发展的竞争中求生存、求发展的关键。

通过技术创新，建立以内容建设为根本、先进技术为支撑、创新管理为保障的气象融媒体传播体系。打造信息化、集约化的“天枢”——“中国天气”融媒体业务支撑平台，深度挖掘气象数据应用能力，做深做足气象融媒体内涵，通过自主研发的工具集不断加强气象融媒体服务产品的生产制作能力。

“天枢”平台的开发建设是为了满足“中国天气”媒体融合的需求而开发的综合性应用平台。随着“中国天气”自有媒体融合进程的不断深入，平台还将迭代升级，以适应媒体融合不同时期的需要。基于气象新闻生产的“策、采、编、发、传、评”全业务流程，平台还提供了多系统、子系统、模块等一体策划、一次采集、多种生成、多元传播、一站式管理的功能。

（一）促进业务流程优化

“中国天气”融媒体业务支撑平台重构“策、采、编、发、传、评”业务生产流程，整合优势资源，以共享互通的模式建设融媒体资源库，实现自有资源和信息的共享。中国天气网和中国天气频道现有采编系统在为媒体中心提供全面业务生产能力的同时，充分整合总编室、资讯部、视频部、专题部和天气信息部等业务资源，结合传统生产模式再造生产流程，实现了业务上的交互、资源上的共享，达成一个选题多样策划、一个内容多种创意、一个创意多次开发、一次开发多种产品、一种产品多个形态，最终媒体终端发布的业务流程。

业务运行采用“平战结合”的模式，既能在“平时”满足日程业务运行，又能在“战时”应对重要天气过程高并发运行的业务需求。根据媒体中心各部门现行业务流程，绘制中国天气融媒体平台流程总图，以“全媒体采集、全素材共享和业务集约高效”为目标，规划线索汇聚、策划选题、任务分配、信息采集和成品汇聚的全新融媒体业务流程，指导业务支撑平台的开发建设。

三、业务平台开发建设

“天枢”融媒体业务支撑平台是根据气象融合发展和“中国天气”业务运行的需要，重点解决媒体发展在线索汇聚、数据支撑、内容生产、产品加工和信息传播等方面的服务短板，按照统一规划、迭代实施、自主研发与合作伙伴合作建设相结合的模式进行构建。强化新一代信息技术支撑引领作用，支持自有气象媒体融合采编流程，建设业务支撑平台，优化管理手段，强化版权保护，打造媒体资源库，提升内容生产力。

“天枢”平台建立了资源多元化汇聚、组合和再加工的生产模式，面向用户提供统一登录入口，并根据用户所在部门和岗位进行业务操作权限分配，用户根据权限可直接进入各系统应用，无须二次登录。平台包含线索汇聚、选题库、国省通联、天气信息、数据查询、智能加工、全媒体产品、传播分析和用户中心等功能频道，实现融媒体生产全流程业务管理。通过流程管理功能实时监控整个平台的生产加工全过程，实现数字化全流程跟踪；通过平台提供的统一发布功能，实现面向不同媒体渠道的一体化分众发布。同时，平台还预置了气象融媒体业务生产所需的媒体工具集和气象工具集。

四、气象数据分析应用

2019 年，天译科技制定《北京天译科技有限公司三年发展行动计划》，根据三年行动计划凝练公司四大主营方向：媒资版权运营、气象数据产品服务、融媒体建设和媒资 + 数据全案营销。对标天译科技三年行动计划，开展深入调研，理清现有业务和服务供给中存在的短板。重点思考如何提高公众气象服务水平，如何提升智能化服务能力。通过技术创新增强内容规模化生产输出，自主研发加强数据统计分析应用，不断提供丰富精细化数据服务支撑。

积累丰富的底层数据，将历史气候数据、实况观测数据和预报预警数据进行有效融合，根据用户需要进行数据产品的融合、再加工，最后将定制化的内容进行自动化计算和输出。建设计算指标库，将气象分析师团队多年积累的服务经验固化在指标库中，以数据驱动进行实时计算。构建气象大数据服务中心，后续可根据媒体服务需要，动态增加算法指标，不断提升系统服务能力。搭建历史数据运算中心，在线提供数据产品检索，提升数据服务稳定性、准确性、及时性，盘活数据利用效率，拓展数据服务在融媒体气象服务应用的广度和深度。

五、服务产品加工制作

融媒体时代，随着移动互联网技术的升级和智能终端设备的大量普及，受众的焦点从报纸、广播、电视、PC（个人计算机）端转换到移动端，形成了新的信息接收趋势。融媒体环境下，受众欣赏水平提高，对媒体服务产品也提出了更高的要求。要想做好融媒体气象服务，需要对新闻产品创新包装，满足受众广泛需求，以此提高自身核心竞争力。融媒体时代是一个交互的时代，多元化媒体发展的特点促使新闻产品不断创新、改进，只有多种形式的新闻产品才能体现出融媒体的优势及内涵。

以内容建设为根本，不断改进和创新气象新闻内容表现形式，打造百姓喜闻乐见的气象融媒体服务产品。以海量气象数据为基础，依靠“中国天气”多年媒体气象服务的经验积累，对数据进行分析和处理，以形象、生动的可视化方式呈现。应用图文、视频、直播等表现手法，使受众可以在有效时间内获得更加直观、更加有效的信息。新闻编辑、视频编导和气象分析师等业务人员通过“天枢”平台对内容进行加工，通过二次包装，创作风格迥异、形式多样的融媒体气象服务作品。

六、自主研发融媒体气象服务工具集

《全国气象发展“十四五”规划》提出，基于位置和场景，精准推送普惠化、分众式气象服务，开展面向个性化、定制化的气象服务。《“十四五”公共气象服务发展规划》指出，到2025年，气象服务数字化、智能化水平明显提升，提升气象服务自动化水平，实时感知用户需求，智能推送服务产品。《华风集团“十四五”发展规划》强调，深化精细服务的信息技术融合应用，推进融媒体平台核心技术研发，推动媒体融合发展，提升“中国天气”品牌影响力。《气象高质量发展纲要（2022—2035年）》明确提出，发展精细气象服务系统，推进气象服务数字化、智能化转型，发展基于场景、基于影响的气象服务技术，研究构建气象服务大数据、智能化产品制作和融媒体发布平台，发展智能研判、精准推送的智慧气象服务。

天译科技不断深化精细服务的信息技术融合应用，推动多样态融媒体气象服务产品智能加工系统建设，自主研发了“译数”“译图”“译讯”“译元”“译影”“译天”“译评”和“译汇”等融媒体气象服务工具集。初步形成了数据分析挖掘、专业图形生产、图文自动化加工、视频自动化合成、稿件编辑加工以及气象数据可视化展示能力。融媒体气象服务工具集的业务化应用将进一步扩大“中国天气”媒体内容产能，提升产品生产数量和内容输出规模，加强自身能力建设，以满足融媒体时代信息传播能力要求。

未来，天译科技将持续推进融媒体气象服务工具集研发，面向业务生产一线人员提供方便、高效、快捷的工具支撑，在提升业务生产效率的同时，不断增强“中国天气”品牌影响力。

第八章 “中国天气”融媒体平台技术开发实现

融媒体是对互联网载体进行充分利用，将广播、电视、报纸、互联网、手机等存在共同点和互补性的不同媒体通过人力、内容、宣传等方面的整合，以更好地实现“资源通融、内容兼容、宣传共融、利益共融”的新型媒体。气象服务信息是时效性强、受众范围广的大众服务信息，可以与融媒体信息服务相结合，为公众提供及时准确的气象信息，从而提升公众的获得感。

建立气象融媒体业务体系是为了更好地服务公众，因此需要时刻关注公众的新需求，了解公众的喜好，同时积极引入新技术，切实做到“无盲点”的气象服务。面对融媒体时代带来的冲击，气象工作者也面临着不同挑战。只有创新和升级产品内容、传播手段、服务模式和盈利模式，顺应时代发展趋势，推进传统媒体和新兴媒体融合发展，才能在剧烈变化的传媒格局中寻找到气象信息传播更大的发展空间。

移动互联网时代强调以用户为中心、以技术为核心，实现了如智能化推送、个性化定制、阅读体验优化以及一体化业务的成功运行。媒介融合是大势所趋，气象部门构建融媒体势在必行。鉴于此，华风集团天译科技“中国天气”品牌以全媒体平台的传播和运营为例，总结出了气象融媒体业务支撑平台的建设思路，分析出了融媒体业务支撑平台技术架构及核心功能，以期加快气象服务布局和模式的创新，推进气象服务与各领域的快速融合。

一、现有气象融媒体业务平台建设的不足

（一）业务支撑平台缺乏统一管理

目前，天译科技现有平台承担了诸多部门的业务，包括气象影视业务、网络气象业务和新媒体气象业务等。其中，各媒体独立发展，不同新闻采编人员自成体系的业务流程和相对独立的业务平台使得资源共享不完善。因此，天译科技亟须通过融媒体平台的建设，整合现有资源，突出气象信息发布、预警预报和舆论宣传的工作重点。制度层面，需要相关部门完善制度与规章建设，简化沟通流动，进行有效的工作引导，从而建立全媒体生产的“一次采集、多种生产、多元传播”集约化采、编、播、管、存业务模式。内容层面，需要各部门集中汇总信息，合理把关流程，解决资源分散问题并实现资源的高效利用。

（二）地方业务支撑平台建设现状

近年来，各省级气象部门开始建设融媒体业务平台，虽然取得了一定成效，但由于缺乏平台建设经验，多数参照传统媒体行业融媒体平台建设标准，仅实现了对平台气象新闻资讯策、采、编、发的功能整合，未能将气象内涵做深。如平台虽包涵了互联网信息采集、舆论热点分析、稿件编辑、内容发布和内容传播效果分析等常见功能，但是在气象数据的融合应用、特色订制化气象服务产品加工、产品自动化生产和快速高效发布等方面，仍与市场存在差距，还不能满足融媒体时代产品高效便捷生产和气象信息快速传播的需要。

（三）主要部门沟通与把关不畅通

天译科技内部存在各部门生产流程线性单一、信息不共享的问题。采编人员所需采集整理的信息量与天气事件及相关业务的增长量呈正相关关系，并且信息在公司内部不能实时共享，气象分析师团队无法对事件进行深度挖掘，从而造成编辑团队生产时间减少、传播内容新鲜感不足。这不仅在很大程度上增加了采编人员的工作负担，而且降低了采编工作的时效性。

“天枢”平台打通了媒体资源渠道，实时共享线索及资源，降低重复沟通

成本，将更多的时间用于采编创新、资源整合，通过平台统一调度，显著提升了天气新闻采编工作的质量和效率，从而不断生成更具吸引力、新鲜感的新闻内容。

二、气象融媒体业务支撑平台建设思路

根据现有气象融媒体业务体系存在的不足，本书提出了几点针对性的建设思路，包括明晰化业务流程、定制化数据应用、智能化加工能力、前瞻化功能迭代。具体到建设工具层面，“中国天气”融媒体业务支撑平台“天枢”重构了“策、采、编、发、传、评”业务生产流程，整合优势资源，以共享互通的模式建设融媒体资源库，实现自有资源和信息的共享，能够有效达成气象融媒体业务发展的目标。

（一）明晰化业务流程

建设国家级融媒体平台需确立“何为具备气象内涵的融媒体业务支撑平台”的建设思路。通过“中国天气”自有业务融合，进一步梳理明晰现有业务流程；结合当前业务服务需要，进行流程融合、人员融合和资源融合，并以此为基础构建符合气象部门业务需要的融媒体业务支撑平台。国家级平台的建成和业务应用在行业内部建立标杆，起到示范引领作用，并推进国省联动合作，共同促进气象媒体融合发展。

（二）定制化数据应用

“天枢”平台气象数据来源于中国气象局气象大数据云平台，在对上游数据进行业务逻辑处理之后，统一通过数据接口面向平台提供服务。其一，平台提供的数据包括气象灾害预警、天气实况、天气预报、天气排行、最高最低气温、上游报文类产品、卫星云图、雷达图等。结合媒体气象服务的特点，平台实现了基于历史数据和预报数据的融合，借助气象分析师团队多年的服务经验，将专业、定制化的产品算法植入系统。其二，平台通过系统自动化运算提供实时破极值提醒、多维度历史数据查询、节气大数据和多要素多时段统计分

析产品。上述数据产品可满足自身创新产品研发、历史数据挖掘、极值分析提醒和产品多样态展示的服务需求。

（三）智能化加工能力

"天枢"平台构建了气象服务大数据、智能化产品制作和融媒体发布的智能服务流程，推进气象服务数字化、智能化转型，深化精细服务的信息技术融合应用，推动多样态融媒体气象服务产品智能加工系统建设，初步形成数据分析挖掘、专业图形生产、图文自动化加工、视频自动化合成、稿件编辑加工和气象数据可视化展示能力。智能化服务的应用进一步提高了"中国天气"融媒体内容产能，提升了产品生产数量和内容输出规模，满足融媒体时代信息传播能力要求。

（四）前瞻化功能迭代

"天枢"平台围绕气象行业的特点，利用云计算、大数据等先进信息技术，研发全新的气象融媒体服务云平台；同时参考借鉴广电行业、互联网行业成功的业务流程和业务平台，引进成熟的功能模块，并贴合实际业务需要进行本地化研发，满足"中国天气"媒体业务生产对融媒体业务基础支撑平台的需求。采用先进的互联网信息技术，以国家级示范引领，边建设、边应用为导向，运用"倒逼"的方式优化策略，开展平台建设。

建立统一技术标准，完善平台数据和资源存储及应用标准，不断提升平台功能扩展、集约整合能力；强化融媒体业务支撑应用，以"天枢"平台建设为基础，后期通过融媒体气象服务工具集实现图形产品、图文产品、新闻文稿和短视频等内容的自动化生产，缩短产品加工周期，以提高内容发布时效。

三、融媒体业务支撑平台技术架构及核心功能

依据气象融媒体业务平台的建设思路，重点研究融媒体业务支撑平台的技术架构及核心功能，主要包括平台技术架构、平台核心功能、平台功能频道、平台常用功能模块和业务生产工具集。通过平台技术架构及核心功能的搭建，

重点解决媒体发展在线索汇聚、数据支撑、内容生产、产品加工和信息传播等方面的服务短板。支持自有媒体融合采编流程，建设业务支撑平台，优化管理手段，强化版权保护，打造媒体资源库和提升内容生产力。

（一）平台技术架构

平台采用开放式云架构，具有松耦合、资源池化、高可扩展等特性，可支持未来第三方新应用扩展，并支持微服务技术架构；平台还实现了已建平台标准化数据的接入及应用接入，支持不断升级迭代，从而快速满足开发建设的新需求。平台具有以下特性。

1. 高可用性

服务器、应用服务、数据存储、客户端、数据传输均采用成熟可靠的技术，保证系统的高可用性，实现 7×24 小时运行。系统总体设计可保证采编中心协调、热点资讯汇聚、省市稿件通联、图形产品加工、视频在线编辑、短视频自动化生产等，满足多部门快速协同合作的需求。

2. 开放性和标准化

在保证系统可靠性和时效性的前提下，系统设计采用开放架构，确保平台的开放性和标准化，使得系统设计能够在总体架构不变的前提下具备可持续发展和迭代的能力，以适应未来业务变化和新技术、新产品的引入。

3. 容错性

无论客户端还是服务器端的应用程序，都需要针对正常运行环境条件和数据条件进行必要性判断，对常见可预知故障必须进行判断和处理，对不可预知故障必须进行适当的异常处理。故障隔离性要好，不能因一个功能故障导致软件整体瘫痪，不能因非关键性故障导致关键性功能无法实现。

4. 数据安全

气象数据作为气象融媒体业务的核心资产，其数据安全可靠性在系统设计中尤为重要。业务平台中应用的数据均为二次加工处理后的数据产品，历史数据查询仅能通过气象业务内网进行访问。系统中的重要数据在数据库中有加密和验证措施，其存取应有明确的用户授权策略，保证用户只能打开自己权限范围之内的文件。

5. 访问安全

系统设计在主机、网络、应用等方面均满足等级保护对安全的要求，在需求、设计和开发过程中，对软件安全有充分考虑；在软件开发生命周期各阶段，也采取了必要的安全考虑和相应的安全措施。融媒体发起调用业务网内的系统 API 或接口，通过业务网络的防火墙策略到达业务系统。

6. 用户体验友好

在不影响功能、性能和技术可行性的基础上，用户界面元素的布局、文字、位置、颜色、尺寸等要以清晰、准确、简便、美观、业界通用为原则；用户体验操作便捷、含义准确、逻辑一致、易于理解，方便气象媒体从业人员业务使用，提升工作效率。

（二）平台核心功能

平台建立资源多元化汇聚、组合和再加工的生产模式，面向用户提供统一登录入口，并根据用户所在部门和岗位进行业务操作权限分配。

（三）平台功能频道

平台有线索汇聚、选题库、国省通联、天气信息、数据查询、智能加工、全媒体产品和传播分析 8 个功能频道，覆盖策划、采集、编辑、发布、评估气象融媒体全业务流程。

（四）平台常用功能模块

平台将用户常用的功能模块展示在首页左侧，方便用户使用，具体有个人工作台、工作预约、值班排班、绩效考核、数据统计和业务监控 6 个功能模块。

（五）业务生产工具集

平台提供工具集入口，用户可快速访问相关业务支撑工具，方便业务应用，有助于提升业务生产效率。工具集涵盖媒体工具集和气象工具集，工具集访问链接可通过平台进行编辑和配置。

四、平台发展规划与展望

未来，气象媒体融合将持续推进“中国天气”媒体业务流程融合改造，促进融媒体业务提质增效，打通“中国天气”台网微端屏各路资源，推动融媒体气象服务集约化发展。

（一）业务支撑平台功能迭代升级

融媒体业务支撑平台是基于“中国天气”媒体融合需要而开发建设的综合性应用平台。该平台依靠气象新闻生产的策、采、编、发、传、评全业务流程，提供各功能应用，以实现气象融媒体的一体策划、一次采集、多种生成、多元传播和一站式管理。

未来，随着“中国天气”自有媒体融合进程的不断深入，平台还将迭代升级以适应媒体融合业务发展新需要。

（二）数据驱动媒体内容生产加工

气象媒体融合要充分发挥气象数据加工处理的技术优势，构建数据驱动的业务生产模式，实现融合式服务形态，推进内容生产供给侧结构性改革。注重对天气信息的挖掘，并通过数据统计分析提炼更为精准的高影响天气过程和气象服务热点。不断丰富数据维度，加强对上游业务单位数据产品的应用、解读和再加工，并以图表、图文资讯和短视频等不同形式扩展产品表现形态，最终通过“中国天气”各媒体服务终端广泛传播到千家万户，服务于人民的生产生活。

（三）融媒体气象服务工具集研发

平台将持续推进融媒体气象服务工具集研发，面向媒体业务生产一线人员，为他们提供方便、高效、快捷的工具，提升业务生产效率，逐步形成数字化、智能化融媒体气象服务产品加工能力；满足“中国天气”融媒体平台多样态内容生产需要，形成“天枢”平台和工具集“一平台多工具”的发展格局。

（四）面向地方气象部门技术输出

平台国省通联功能的建设为集纳国省气象部门融媒体资源、加快全国“一盘棋”的发展提供了技术保障。平台还会针对地方气象部门在内容创意策划、产品自动化生产和快速发布等方面存在的强需求提供技术输出，解决实时业务运行中人员紧张的迫切需求，从而提高气象服务信息发布效率，立足“中国天气”自身业务发展，做实国省互动联动，助力融媒体气象服务矩阵建立。

第九章
“中国天气”融媒体业务流程融合改造*

2020年国务院办公厅印发了《关于加快推进媒体深度融合发展的指导意见》，并作出了推动传统媒体和新兴媒体融合发展的重大决策部署。同时，将媒体深度融合工作推上了更高的战略高度。

在当前融媒体环境下，信息的传播手段、传播方式乃至传播生态已然发生了巨大变革，传统的媒体流程已经无法适应时代发展和传播需要。据此，“中国天气”策、采、编、发、传、评流程改造，气象媒体话语权及公信力重塑、资讯内容形式创新等问题已经成为当前亟待解决的主要问题。

我国的媒体融合从鲜明行业特色的实践性问题上升到治国理政的战略行动层面，并不断走向纵深发展。以此为背景，“中国天气”从实际出发，积极投身融合发展实践，赋能融媒体业务流程再造。

一、“中国天气”业务流程现状

天译科技媒体中心经过多年的实践，不断尝试、探索，形成了自己的业务工作流程。其中，总编室和气象首席团队提供策划、线索，资讯部及视频部负责内容生产发布，技术部提供技术支撑，以中国天气网、中国天气频道、“两微一端”和全媒体发布渠道为载体提供气象资讯服务。

---

* 本章由白玉执笔。

目前，天译科技融媒体中心已初步建成“分析策划、多源汇聚、全媒汇编、多维发布”四维业务体系，在各部门之间开展资源集约共享，但是目前线索信息、气象数据和部分服务内容主要通过人工方式传递，缺乏高效、简洁的线上工作流程。

因此，天译科技亟须以“媒体融合、资源共享、业务协同”为指导思想，建设覆盖气象媒体业务全流程的，一体化、智能化、高效率的业务支撑平台。通过“中国天气”融媒体中心的业务支撑平台建设，逐步实现“中国天气”“统一指挥、集约策划、多元采集、集中共享、智能加工、全媒传播、资源优化、国省通联、移动办公”的新格局。

二、业务流程改造必要性

（一）可促进提升媒体时效性

时效性不仅是融媒体的一项重要特征，更是气象行业中需要被关注的关键点。为达到天气资讯有限传递的目的，起到最大化防灾减灾的效果，采编人员应将采集的信息内容快速、实时地传递给公众，缩短采编与发布的时间距离，切实提升气象信息的传播价值。通过推进采编创新，在先进信息技术的支持下进行资源汇聚将有效发挥融媒体的传播优势，有效提升新闻的时效性，快速为公众提供有价值的气象信息。

（二）可统一调度、统一指挥，促进信息共享

随着天气事件及业务的逐步增多，采编人员所需采集整理的信息也不断增多。打通媒体资源渠道、汇聚整合、实时共享线索及资源可大大缩减重复沟通成本，节省时间用于采编创新，进一步提升内部信息共享能力。通过“中国天气”媒体中心统一调度，可显著提升天气新闻采编工作质量、效率，进而向公众提供更具吸引力、新鲜感的新闻内容。

（三）可提升“中国天气”品牌影响力

融媒体时代下，通过推进智能加工平台建设，实现图文、视频自动化和内容生产半自动化，可增强“中国天气”品牌定位。优化各方面细节，提升内容的丰富性，实现一次采集、多媒生成、多源发布，可彰显“中国天气”品牌定位。

通过业务生产流程融合改造，推进“中国天气”融媒体演播室和业务支撑平台建设，将有效提升业务生产效率，实现产品规模化生产。不断丰富的产品类型和日趋增长的产品数量，将促进“中国天气”服务产品传播力增长，提升“中国天气”品牌影响力。

第十章 基础资源集约整合*

一、数据产品采、存、传、发、监全流程重构

气象数据是一类典型的大数据，具有数据量大、时效性高、数据种类丰富等特点。气象数据中大量的数据是时空数据，记录了时间和空间范围内各个点的各个物理量的观测量或者模拟量，每天产生的数据量呈爆发式增长，常在几十 TB 到上百 TB 的规模。如何存储和高效查询这些气象数据越来越成为一个难题。对照中国天气网，过去的流程存在以下迫切问题亟须解决。

（1）需要进一步统筹集约和充分利用现有资源。数据资源和其他信息资源分别管理，集约化程度不高，相互之间关系不明晰，综合利用效益不高，需要进一步加强数据资源的集成。

（2）需要进一步提升辅助决策和服务能力。在传播气象信息、服务防灾减灾等各项业务中，需要进一步整合、共享数据资源，提升对领导决策的辅助支持能力，强化公共服务能力。

（3）需要进一步加强对业务协同和资源共享的支持能力。加强数据池的权限管理，在气象服务的工作中，更有效地支撑多部门业务协同。

基于以上急迫需求，通过利用网络传输技术、大数据质控算法技术、大数据灾备和实时订正技术、大数据快速存储技术、大数据共享读写技术，解决业

* 本章由赵晨楠、张欢、耿丹丹、张翔宇、鲁礼文、刘晨执笔。

务流程重构技术等难题，完成数据流程的集约化重塑，构造一套集快速采集、共享存储、高效检索、安全传输、稳定服务、全流程监控为一体的气象大数据解决方案。

（一）建立数据资源中心

理清数据关系：根据业务流转程序及优先级同步梳理空间数据流转关系，对于每一份数据，从业务角度为其设计最合理的数据流路径，避免出现一数多源；同时规范数据定时清理业务，保证安全。

明确责任主体：各类数据的采集和生产都来源于业务管理部门的业务需求，因此业务管理部门是数据生产和更新任务的发起者。各业务管理部门发起数据的生产或更新任务后，数据保障部门将会快速响应。

数据分类：根据业务体系进行数据分类，建立气象数据目录，并对各类数据进行相应的描述；同时对采集的信息添加说明，包括更新频率、大小和到报时间等，完成 20 多种 1000 多小类产品的统计和接入。

数据监控：构建数据流转全过程可视化的监控体系，以流程化的展现形式，直观展示数据采集和使用过程各环节的情况，支持从流程的任意节点入手，获得任务的执行情况，使维护人员直观把握系统运行环境、数据采集使用状况，降低频繁操作后台对资源的消耗，实现支撑工作更准时、更稳定、更高效。通过自动化、智能化手段，提高数据运维效率。规范下载方式、流程调度、校验规则等内容的配置标准，实现灵活配置，减轻维护人员后台编写代码的工作量。

质量控制：仅需配置节点任务的前置条件，通过定时扫描、自动执行的方式实现整个工作流的自动化组织质控，简化配置操作，优化资源利用，提高运维工作效率。根据数据血缘分析图，快速定位异常数据节点位置和具体原因，提高数据支撑能力。

（二）打造服务型数据存储资源池，统筹数据资产管理

按照“集中统一共享，分层分级管理”原则，对所有自然资源数据进行集中存储，实行分区分类存储。以往不同的业务部门有着不同的业务需求，不同的数据流程对所需数据有着不同的需求。以前，数据均打散分布在不同的存储

节点上，数据无统一的存储传输规范和管理标准，数据权限读、写、删较为混乱，多种数据存在重复保存等问题，进而导致数据存储资源，"数据烟囱"林立，申请使用时需人工搜索所有涉及数据存储进行查找；另外，对于数据业务的使用大都采用串行调取的方式，使得中间环节增多，无效传输同步次数也随之增加，从而导致数据服务时效性变差，数据稳定性存在不足。一些过期历史数据因系统权限设计缺陷，系统管理员也无法获得删除权限，常出现硬盘空间已满、过期数据无法及时删除等情况。

为解决上述数据存储资源应用及架构中存在的问题，更好地提供高效稳定安全的存储资源服务，技术团队对数据存储资源池集群重新进行了设计规划，按照业务需求重新构建了新的存储服务资源。

首先，在 IaaS（基础设施即服务）层规划建设天擎和智慧云数据集所需的存储资源池，搭建多台实体服务器组成集群，使用 Raid 磁盘阵列以及 Hotspare 容灾技术实现底层硬盘资源冗余。该方式可以保证在多块硬盘故障时，仍可保障业务平稳运行。全部硬盘支持热插拔切换，运维成本低，维修效率高，其中服务器集群支持节点浮动切换，在线集群存储主要用于采集存放实时流转数据，同时预留了冗余资源作为备份。流转数据定时会根据类别策略，将长期重要待保留数据进行压缩，并归档到存储集群中，确保长期服务于业务使用。其次，在 PaaS（平台即服务）层通过 keepalive 服务来实现存储集群的高可用，可以实行虚 IP 动态漂移，即使出现单节点宕机也不会影响业务获取传输数据资料。通过部署 rsync+inotify 实现数据多副本保存同步，提高了数据的安全性，同时可以满足开发人员在"最优最近"存储池节点快速获取所需数据，并快速得到读写大量不同类型数据操作的响应。通过搭建可靠的 NAS（网络附属存储）服务支持通过 samba、nfs、ftp、http 等多种方式获取数据。最后，通过 c/s 架构部署 zabbix，实现对上述基础资源 CPU（中央处理器）、内存、硬盘及系统层各项服务的运行状态，如出现超出阈值的情况，第一时间报警提醒。

经过重构后的服务型数据存储集群资源池满足以下服务能力。1）多级存储节点安全性高，对业务数据全集进行统一的采集、存储、同步、传输、监控、归档等。一份数据多副本冗余保存，大大提高了有效数据的存储率。2）IDC 机房多冗余存储资源池结构，满足多端并行同时高取应用，支持研发人

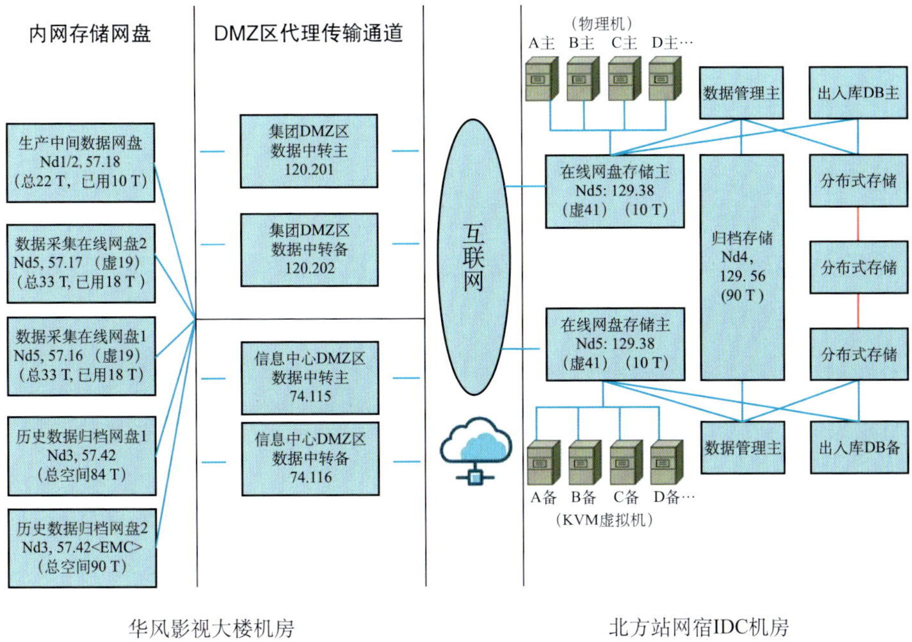

服务式数据存储资源池集群架构图

员同时对内网、北方站数据资源池数据进行并行操作；根据实际所处网络机房环境进行有效动态匹配，大大提高数据使用效率。3）数据的全流程管理统一进行实时监控，统一对所有数据进行读、写、删、传、归、监等有效管理。短期常用数据在线保存，超期重要历史数据统一进行归档近线保存，过期无用数据定时自动进行删除。4）数据传输同步使用了主备多条容灾链路保障，既可以通过集团 DMZ 专线进行数据同步，同时当出现线路异常情况时，可以迅速切换到信息中心 DMZ 应急专线上恢复传输，确保数据传输、业务服务不中断。

（三）提升基础数据服务效率

实现数据源高效聚合，解决多头下载、重复下载的问题，到报时延提升 85%；实现数据资源高度共享存储，解决重复存储、不共享的问题，数据读写效率提升 76%；实现生产流程提质增效，解决产品加工流程不集约问题，产品加工效率提升 92%；实现数据多源融合质控和订正，数据稳定性提升 74%，提高产品服务质量。

二、融媒体时代媒资管理创新

随着移动互联网的全面增长和视频网站的持续发力，传统电视媒体的统治地位已经一去不返。新媒体的出现对传统媒体产生很大冲击，但传统媒体在新闻的原创性、可信度和权威性上又远远超过了新媒体。因此，新媒体与传统媒体之间的融合成为了一种必然的趋势，通过两者之间的融合，可以达到优势互补、相互促进的效果。

习近平总书记在 2014 年 8 月 18 日召开的中央全面深化改革领导小组第四次会议上发表重要讲话，强调要推动传统媒体和新兴媒体融合发展，要遵循新闻传播规律和新兴媒体发展规律，强化互联网思维，坚持传统媒体和新兴媒体优势互补、一体发展，坚持先进技术为支撑、内容建设为根本，推动传统媒体和新兴媒体在内容、渠道、平台、经营、管理等方面的深度融合，着力打造一批形态多样、手段先进、具有竞争力的新型主流媒体，建成几家拥有强大实力和传播力、公信力、影响力的新型媒体集团，形成立体多样、融合发展的现代传播体系。从国家层面提出了传统媒体与新媒体融合发展的战略目标。

融媒体时代的到来也对气象传媒的基础支撑业务之一——气象影视媒资管理提出了新要求。气象影视媒资管理需要向全媒体媒资转型，超越传统媒体由管理部门负责收集和整理视音频资料、编辑记者查阅并拷贝资料的传统模式（宋波，2017）。

"中国天气"通过将新技术运用于媒资管理系统（以下简称"媒资系统"）的研究，不断升级、改造媒资系统，实现媒体资料管理向全媒体融合转型，支撑中国天气网、中国天气频道、新媒体、客户端等互联网平台的内容管理。

（一）媒资管理对象的全媒体融合

融媒体时代，媒资管理的对象范围已不仅仅包括传统广电行业录音、录像等音视频内容，更涉及了新媒体中常见的图片、稿件、图文、短视频以及工程文件等多种内容形式。

"中国天气"已经实现通过广播、电视、网络、报纸、热线电话、客户端以及新媒体（微博、微信、抖音、头条……）等多种渠道面向社会，传播日常天气预报、灾害性天气预报警报和预警信号、沿海天气预报、森林火险等级预报、天气热点、天气周报、双休日天气预报、天气实况、百姓生活气象指数预报等气象公众服务信息。各种各样的信息使气象公众服务能够更加及时地辅助社会各界、各部门指挥生产，组织防灾减灾，更加科学地为气候资源合理开发利用和环境保护等方面提供决策。

在此过程中，还产生了大量的录音、录像、图片、稿件、图文、短视频等媒体资料。这些媒体资料都是“中国天气”重要的高价值数字内容资产，是公共气象服务事业在全媒体时代的优势资源。它们具备很高的文献价值、历史价值，需要被长期安全存储与管理。

针对各种不同类型、不同来源的媒体资料，全新升级的媒资系统提供多种收集、采集途径和工具，包括：支持个人电脑客户端方便直接上传和采集视频、图片以及各类多媒体资料；同时也支持移动客户端实现媒体资料的上传，支持各类文档、图片的资源采集导入，支持批量的资料导入；提供相关标准接口，方便内部相关系统的对接。升级后的媒资系统实现了专业高质量的视音频采集和全媒体资料多途径收集，使所管理的媒体资源涵盖全媒体。

（二）媒资管理与人工智能技术的融合

数字化时代蓬勃发展的当下，人工智能是全球热议的高频词汇，并正在成为国际学术的新热点、新焦点以及产业合作的新机遇，其迅速发展将深刻改变人类社会生活、改变世界。近年来，我国在人工智能领域密集出台相关政策，更在 2017 年、2018 年连续两年的政府工作报告中提到人工智能，可以看出在世界主要大国纷纷在人工智能领域出台国家战略、抢占人工智能时代制高点的环境下，中国政府把人工智能上升到国家战略的决心。

对于媒体来说，为实现海量数字资产的高价值管理，逐步引入人工智能（AI）相关的技术和应用已经成为必然。多模态的 AI 内容识别，将自动识别视音频、图片内容相关的人物、事件、时间、地点、画面、场景、文字，并自动标签化标引，正在逐步成为内容生产管理的发展方向。

“中国天气”通过媒资系统融合 AI 技术，升级改造建成了具备全媒体汇聚、智能编目、智能图像识别、智能语音识别、智能检索、自动加工、发布等全流程一体化的智慧型媒资管理系统，实现了对全媒体业务的支撑。

多模态的AI内容识别技术可自动识别视音频、图片等内容中的相关人物、事件、时间、地点、场景、文字等要素，并自动添加标签索引，这种技术使媒体资料能够被快速标引、处理和分发，可以节省大量人力、降低管理成本，从而在很大程度上提高媒资管理效率，以适应全媒体业务的时效性要求。

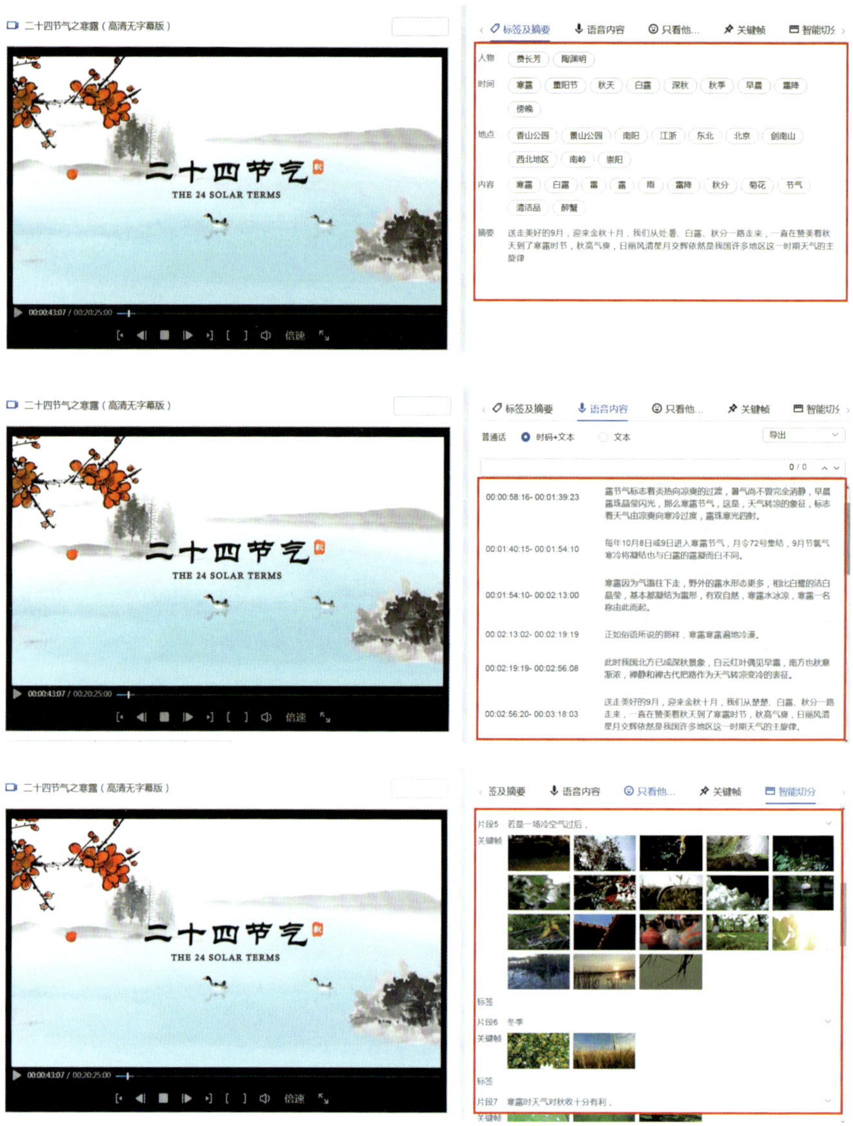

融媒体时代的媒资管理

（三）媒资管理与互联网平台的融合

“互联网 +”代表着一种新的经济形态，即依托互联网信息技术实现互联网与传统产业的联合。

在融媒体时代，“中国天气”媒资系统与已建成的融媒体平台融合通联，秉承“互联网 +”理念进行技术创新，依托互联网信息技术，充分利用融媒体平台，搭建面向社会的互联网交互平台，通过将开放、平等、互动等网络特性应用在媒资管理及运营上，支持融媒体时代全媒体资料的收集、处理和发布；支持全国各气象影视中心之间以及同社会媒体机构之间的内容资产的有偿交换，支撑市场部门形成以版权为核心的链式经营模式。

未来通过大数据的分析与整合，将更好地实现内容和渠道的整合，以优化生产要素、更新业务体系、重构运营模式等。

通过与互联网平台的通联，实现在移动客户端发布媒资产品消息及产品分发，并依托互联网平台提供的移动客户端登录服务，可以随时通过移动设备进行资料检索、申请下载和实时上传。

同时利用云计算和云存储，通过对大数据的挖掘和应用，分析舆情热点、受众偏好等信息，有的放矢地制作媒资产品，为受众提供更加优质的信息服务体验。

三、面向新媒体发布的数据融合质量控制

随着气象数据应用服务覆盖面越来越广，新媒体业务需求的蓬勃发展，公众用户、行业用户、企业用户等对气象数据准确性、服务稳定性、质量可靠性的要求越来越高。为了满足各类用户的数据服务质量要求，中国天气网技术团队引入面向新媒体融合发布的气象数据融合订正技术，制定数据融合质控解决方案，旨在通过算法和技术手段，实现实况及预报业务流程的自动化质控和订正。

（一）地面观测实况数据融合订正

1. 数据采集

采集国家站及区域自动站逐 5 分钟的本站气压、气温、相对湿度、降水量、风向风速、地温、能见度等全部要素的数据，利用脚本抽取 2418 个国家站的观测数据，通过脚本对数据做奇异值和缺测检验，并对温度和降水等要素做脱敏处理，保证原始数据不出内网。

2. 数据存储

搭建统一的网盘和分布式数据库存储介质，将内网采集到的数据依据内网网盘使用规范写入网盘，持久化存储，供订正流程使用。

3. 数据融合

将 MySQL 集群存储的国家站观测数据、MongoDB 分布式存储的基于格点抽取的国家站实况数据和 OCF（精细化多模式客观集成预报服务产品）的国家站逐小时预报数据、基于“译数”系统的站点月要素极值数据进行汇聚，通过脚本将 4 类数据按照同站、同要素、同时次进行融合，形成一套新的数据源。

4. 数据订正

编写订正算法，针对上游最新时次文件延迟超过 1 小时，自动启用备份方案，优先使用格点实况，其次使用逐小时预报进行全站替代，保证数据的连续

性；针对最新时次温度和降水要素的奇异值、缺省值、破极值自动进行拦截和订正，订正策略优先使用格点实况，其次使用逐小时预报对应要素进行订正，保证数据的准确性；业务引入钉钉即时消息告警手段，针对破极值的站点推送告警消息给数据运维人员，通过人工干预的方式确认数据的准确性。

5. 数据服务

质控和订正后的数据再回写 MongoDB 分布式存储，通过封装统一的实况接口面向“中国天气”各终端和产创平台提供实况数据服务，保证了数据出口的一致性。

（二）地面观测与预报一致性检验融合服务

1. 数据采集、传输和存储

在华风内网对接气象信息中心气象大数据云平台（天擎）和 OCF 国省共享平台，通过华风集团数据中心的 FTP（文件传输协议）服务，获取中国大陆范围国家站及区域自动站逐 5 分钟的本站气压、气温、相对湿度、降水量、风向风速、地温、能见度等全部要素的数据和 OCF 的逐小时及逐日预报数据；利用脚本抽取 2418 个国家站的观测数据和预报数据，通过脚本对实况数据做奇异值和缺测检验，并对温度和降水等要素做脱敏处理，保证原始数据不出内网，借助 DMZ 传输通道将数据集同步到自建 IDC 机房，存储到 MySQL 集群和 MongoDB 分布式存储中，供检验流程使用。

2. 数据检验

编写检验逻辑，针对实况数据的温度和降水要素与逐小时预报不一致的情况，以及逐小时预报和逐日预报温度与降水要素不一致的情况，业务设置超限阈值告警范围，并做日志记录，定期形成运行报告。

第十一章 “中国天气”融媒体工具集研发*

一、“译元”融媒体内容编辑管理系统

随着互联网技术的快速发展及融媒体时代的到来，公众对灾害性天气报道、重要天气新闻的报道速度的期待也达到了极大的提升，这对新闻内容生产的及时性和时效性提出了更高的技术要求。

当前，中国天气网新闻采编与页面管理系统、中国天气网视频管理系统已使用多年，且均由第三方公司来支撑与维护，从而导致系统源代码经过多重加密保护，无法切合业务需要进行更新迭代，沟通成本较高。老系统只能支撑单纯的图文编辑，资讯部的编辑同事们如需获得关键气象数据，就需要从上游单位提炼预报或预警的图文内容，这一过程既费时又费力，工作内容重复性高、创造性弱。原系统只具备文稿发布功能，缺少视频上传、转码、存储等功能，编辑人员只能先通过中国天气网的另外一套视频管理系统上传视频后，再到新闻采编与页面管理系统中进行二次编发，整个过程时间成本高、发布效率低。

“译元”融媒体内容编辑管理系统是“中国天气”融媒体平台的重要组成部分。此次研发升级就是为了提高发布时效、解决系统融合等问题。通过技术部和媒体部门同事的不断讨论、磨合，天译科技设计研发了一套符合现有业务规划的融媒体内容编辑管理系统，将原中国天气网新闻采编和页面管理系统与

* 本章由李强、卢大维、鲁礼文、周颖、王妍、王中秋、周希、刘晨、赵雯清、丁祎执笔。

“译元”进行对接打通，共对接研发 22 套 API 接口，在保持原有业务不变的情况下，编辑人员将新闻发稿无缝切换到融媒体平台，进行编、审、采、发等操作。基于原系统提供的 API 接口，新系统中生产、创作或修改的稿件将实时自动同步到原稿件系统，系统产生的稿件也可以直接在原稿件系统中进行编辑和修改。习惯原系统的编辑也可以继续使用原来的编辑平台进行稿件编辑工作，降低了学习成本。同时，系统前端可提炼出编辑最常用的新闻频道、图片频道、视频频道等核心的频道和页面，优化前端页面交互设计，去掉或弱化不常用的选项，提升稿件编辑的体验感和效率，并解放出更多时间投入到更加优质的内容稿件创作中去。

此外，“译元”融媒体内容编辑管理系统还可以提供更便捷的操作功能。如借鉴多个平台的内容编辑器功能与亮点，在新系统研发中融合多家写稿系统功能（百家号、微信公众号等），一键复制粘贴带样式及图片的稿件，从而实现快速发布，并在稿件系统提供公网预览稿件和审核稿件功能。即便编辑人员不在单位网络环境下，在特定手机 App 上也可以完成简单的编辑和审核校对工作。

该系统的研发升级不仅可以提升企业内部的自主开发能力以及切合业务需求的快速效应能力，后续还可以对外进行推广应用，复刻到更多的企业单位，帮助更多的企业节省人力、时间、成本。

目前该系统已经完成研发升级，部分功能正在进行业务化运行，期间共完成 319 篇预警稿件、1 篇重点天气信息稿件、421 篇城市预报稿件的自动化生产。媒体中心预警稿件的发稿时间由原来的 5～8 分钟，缩短至 1～3 分钟，极大地减轻了编辑人员的工作量，并提升预警信息发布的时效性，确保预警信息能第一时间通过中国天气网和“中国天气”新媒体平台推送至各服务端。

二、“译数”融媒体气象信息服务系统

“中国天气”代表官方权威国家级气象服务传播方向和气象信息服务方向，秉承“天气通讯社、百姓贴心人”的服务理念，面向社会公众提供权威、及时的天气服务信息。近年来，“中国天气”面向用户提供更加精细的气象服务信

息，建立“中国天气”产品名录，打造多元融媒体气象服务产品；每年创新推出各种爆款创新图文及视频产品，占据多个热搜榜前列的位置。用心且有趣的设计、文稿和剪辑，搭配上对历史数据多维度的挖掘解读，得到公众的喜爱和认可，让天气网的各种产品更有温度。

随着新媒体业务的快速发展，市场对于多样化产品的急迫需求日益增加，基于历史数据＋预报数据的融合、实时破极值提醒、多维度历史数据查询、节气大数据、统计分析产品等缺乏有效的系统支撑。目前的产品加工需要耗费大量人力处理数据，且数据源头分散、算法单一、计算能力不足。为了满足自身创新产品的研发，以及融媒体服务所需的历史数据挖掘、实时极值分析提醒、多样态展示的需求，天译科技借助气象分析师多年的服务经验，设计专业的、定制化的产品算法，通过信息化技术使服务经验得以固化，通过系统集成进一步提升服务效率，满足融媒体业务服务需要。

（一）基础数据汇聚

借助中国气象局内网网络环境，通过数据资源池，接入历史日值数据、历史气候数据、实时预报和实况数据，并临时存储于内网网盘，实现数据源的采集汇聚。

（二）基础数据治理和存储

借助中国气象局 DMZ（隔离区）网络环境，通过同步脚本，将内网网盘数据同步到 DMZ 区加工平台，针对接入数据进行标准化和规范化处理，搭建 ClickHouse、HDFS（Hadoop 分布式文件系统）存储服务，实现历史数据和实时数据以及相关算法的存储。

（三）定时计算

搭建计算中心，利用算法库，编写计算程序，实现极值和均值的定时计算，搭建 MySQL 数据库，实现定时计算的极值和均值的入库存储。

（四）实时计算

引入实时数据，搭建 HDFS 存储，实现实时预报和实况数据的存储；构建 Kafka 消息总线，借助 Spark Streaming 服务消费数据到报消息，触发计算程序；调取 MySQL 定时计算的极值和均值数据和 HDFS 存储的实时数据，利用极值算法，实现实时极值数据和均值数据的计算结果输出，更新 MySQL 内极值和均值数据。

（五）API 服务

设计数据交互 API 接口标准，包括输入参数、输出结果、异常编码等，编写接口封装程序。从 ClickHouse 库调取原始历史日值、气候均值数据，从 HDFS 调取实时预报数据和实况数据，从 MySQL 调取订正后的极值数据和气候均值数据，封装灵活的接口，为平台服务提供数据产品。

（六）平台服务

收集用户需求，基于需求设计平台模块功能，包括：日值查询模块、极值查询模块、均值查询模块、实时数据查询模块和用户中心模块。在线提供基于站点、区域、时间、节气、要素等多维度查询服务和图形可视化产品制作服务，以及关键气象信息及时提醒服务。

（七）应用前景

“译数”融媒体服务系统之所以拥有如此全面的硬实力，与它内部目前已经完成的 130 多个算法以及还在研发中的上百个算法有直接的关系。这些算法来源于气象分析师多年的服务经验，对 9 大类气象要素的多种维度进行细分，用不同算法对同一种气象要素的不同维度进行统计，最后通过信息化技术使服务经验固化在自有平台，进一步提升服务效率，满足实时业务服务需要。

例如，极值提醒模块，首先技术底层就吸纳多达 65 种算法，通过对 1951 年以来各地海量气象资料的多维度盘点，同时实时接入逐小时实况数据以及 OCF 数值预报数据，才使得任何一种极端天气都在监控之中。

系统有着非常全面的历史、气候数据挖掘能力，以及对极端天气和重要天气过程的监测和预测能力，在全国各省（区、市）气象部门会有很强的服务市场。全国各地气象部门有大量面向公众需求的精细化预报服务，以及各种新媒体端的账号内容发布。系统不仅能做到多维度比对历史气象数据、辅助公众科普，同时还自带强大而美观的图文图表内容，能更好地满足新媒体端传播的需求，并且对各种高影响天气快速反应，提升公众对地方气象部门的好感度。

除了气象部门，系统还可以通过与地方省气象局合作推广应用尝试融入其他行业，实现经济收益。如针对天气依赖程度较高的新能源公司，系统能够通过气候均值子系统，为他们提供新能源建厂选址建议，并通过极值提醒等系统提供新能源运营决策建议，帮助他们规避或降低高影响天气可能会带来的经济损失。还有受天气影响较大的提供交通出行服务的公司，他们能够通过系统第一时间得知高影响天气的发生发展，及时调整服务，增强用户黏性。

除此以外，随着自媒体强势崛起，捕捉天气热点也是存在流量趋势的；还可以尝试账号付费推广等方式。总之，“译数”融媒体服务系统的应用前景和经济效益值得期待。

三、“译图”融媒体气象服务图形加工系统

近年来，随着新媒体的快速崛起和融媒体服务理念的提出，基于 PC 端、移动端的气象媒体服务开始涌现，并在短短几年间快速成长为与电视服务并驾齐驱的公众气象服务形式。为了强化技术创新和服务应用，发展基于影响预报的数字化、个性化、精细化的融入式高质量专业气象服务，天译科技着手搭建了“中国天气”融媒体中心，将气象媒体所需的各类公众气象服务产品集成化、简约化，为气象突发事件的快速传播提供有力保障，增强了人民群众的获得感、幸福感、安全感。为了丰富气象服务产品种类，支撑“中国天气”融媒体中心内容建设，天译科技创建了一套完全自主可控的气象服务图形产品加工系统，名为“译图”。该系统可在短时间内快速响应气象服务事件的图形产品需求，为中国天气网原创资讯、视频、两微端等提供内容覆盖，将气象服务科技创新作为公司发展的第一生产力。

（一）攻坚克难，实现业务、技术双创新

“译图”的研发过程主要面临两大难题。首先，需要将气象数据叠加在复杂的地理信息图层上，以便服务时能让公众更加直观地感受到不同区域的气象过程，所以复杂地理信息的瓦片解析成为第一大难题；其次，气象数据本身是海量的，也是多源的，处理不同格式的气象数据需要采用多种方式，所以多源的气象数据格式处理成为第二大难题。我们针对以上面临的难题，形成了切实可行的实施方案，并在多次开发尝试后，实现了业务创新和技术创新的并举。

1. 有关地理信息融合的技术创新

“译图”以地理信息系统和开源软件为基础，具备优秀的地图瓦片加工、大规模气象数据处理、模块独立管理、图形自更替和完备的系统监控能力，可同时对多种气象数据进行加工和处理，并将地理信息属性赋予气象数据展示图层，最终通过功能全备的 API 接口进行调用和传输。

由天译科技自主研发的“译图”融媒体气象服务图形加工系统作为图文智能加工引擎，具备几大亮点：第一，“译图”可独立解析地图瓦片信息，并根据地理信息属性匹配相应的配色方案，满足产品美观度的需求；第二，“译图”具备全要素、全格式气象数据处理能力，使复杂且格式不统一的气象数据均可作为数据源进行输入；第三，“译图”产品制作周期短、可调控性强，可减少人工、时间的成本投入；第四，“译图”具有多端多场景适配功能，用户可对其独立的模块管理单独设置要素渲染方式，产出不同业务场景的图形可视化产品，对多平台、多业务场景的快速发布提供有力保障；第五，“译图”系统整体配置完整，可满足气象数据信息挖掘和气象数据迭代更新的需求，同时配备 XML 格式的工程文件，着重简化了图形模板的配置流程，提高了对用户需求的响应速度。

2. 全格式、全要素的气象信息内容挖掘创新

“译图”是天译科技现有的、唯一的、自主研发的图形产品加工系统，面对海量的气象数据，“译图”需要完成整理、分类和加工的工作。气象数据根

据空间的不同，可分为站点数据和格点数据。不同的数据格式在图形产品加工的过程中，会被采用不同的处理方式，且不同气象要素之间的插值方式略有差异，如反距离权重的插值和双线性插值等。为了简化图形产品制作步骤，缩短图形产品制作周期，提高图形产品制作效率，"译图"全方位、多维度地解析海量气象数据，实施全流程业务监控体系，由数据触达并驱动图形产品生产，同时配备业务应急处理方案，保证业务的稳定性和产品的时效性。

"译图"系统在开发的过程中形成了完全自主可控的核心技术开发能力，具有完全自主知识产权，亦可保证气象服务图形产品的持续迭代升级。

（二）成果落地，提升标准化业务支撑能力

"译图"生产的图形产品与中央气象台标准统一，结合"中国天气"融媒体平台建设需求，"译图"将产品种类扩充至百余类，首次将指数产品以图形产品的形式展示给公众，更加贴近公众的生活，增强了产品推广属性；首次自动化生产"中国天气"特色预警类服务产品，大力提升短视频、图文资讯等内容的发布速度，加强品牌曝光度，着力打造行业品牌；首次搭载天气分析师个人 IP 资源，整合气象内容资源，上下联动，共创融媒体生态下气象服务产品运营方式。

气象服务图形产品主要应用于中国天气网专业产品频道、气象服务图文资讯、气象服务短视频等业务场景，可以同时满足 PC 端与移动端的业务需求，为气象图形产品在不同业务场景中的表现形式。

2022 年 8 月，依托"译图"图形产品加工系统制定的《融媒体气象服务图形产品应用技术要求》（以下简称"标准"）团体"标准"正式发布，由于新媒体服务产品的发展速度快、覆盖地区广、服务范围大、制作主体众多，且图形类产品是多形态媒体服务中最主要的信息载体，所以"标准"对新媒体服务图形产品的制作流程、图形产品技术要求和产品命名规则进行规范，对具有公众推广属性的图形产品模板进行示意，补充了气象图形产品在不同平台、地域、应用场景的标准空白，减少了气象服务信息在传播过程中产生的误解或误读情况的发生。

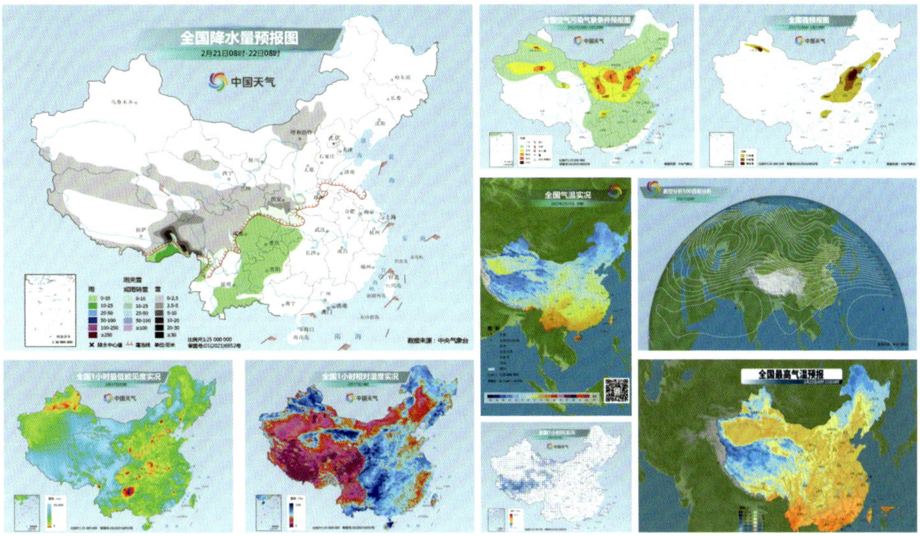

气象服务图形产品在各类业务场景的应用

2022 年 3 月，依托“译图”图形产品加工系统，天译科技以原始取得的方式获得《天译科技融媒体气象服务图形加工系统》软件著作权（登记号：2022SR0507126）；于同年 8 月通过《气象数据的图形产品加工方法及系统》的发明专利申请（公开号：CN114882141A），形成全流程自主研发设计体系。

“译图”系统的标准化、集约化、智能化，有力支撑了气象事业的高质量发展；“译图”系统的搭建是队伍稳定、技术积累、资源整合的重要硕果，是“中国天气”融媒体中心有力的产品支撑，是在地球系统软件领域演进的有力举证，是“中国天气”品牌推广的有力武器，为增强“中国天气”品牌的国际辐射能力添砖加瓦！

四、“译讯”融媒体气象服务图文自动化系统

（一）从气象服务需求出发

在科学技术飞速发展、人民物质生活水平不断提高的今天，社会公众和行业客户对气象服务的要求和期待越来越高。以往以文字形式为主进行传播的气象信息单调乏味，不能吸引用户的目光；而目前“图文并茂”的气象服务资讯

仍依赖于手工加工形式，策、采、编、发流程耗时长，也无法满足气象服务内容的生产需求。此外，随着气象数据品类、维度的日益丰富，可视化技术的飞速发展，传统图形图表相对单一的可视化表达方式同样无法满足气象数据分析中越来越深入、专业化的解读，达不到用户多样化的信息获取要求。因此，如何使用上、表达好海量的气象数据，以大众喜闻乐见、通俗易懂的形式融入气象资讯中去丰富气象服务内容，也成为气象服务亟须解决的问题。

（二）提升气象服务供给水平

针对目前所面临的服务瓶颈，中国天气网发挥多年媒体服务的优势，自主研发“译讯”融媒体气象服务自动化系统（以下简称“译讯系统”），建立了融媒体气象服务图文自动化生产流程，完成预警信息、实况监测以及天气预报等数据资源的整合；针对图文服务产品设计图形产品模板库，适应多元化服务场景需求，结合实时数据和模板，完成图文产品的 H5 页面以及横图、长图的规模化自动生产。

在产品内容上，“译讯系统”通过气象产品研发人员的前期策划，从海量的数据信息中做减法，借助直观的数据可视化表达形式，与气象服务事件进行关联，从而帮助用户更快速地理解气象数据，并对气象服务重点信息一目了然。如在高温过程服务中，采用笛卡尔热力图突出城市温度持续走高的服务重点；而在大风预警服务中，采用玫瑰图的形式更直观地展现风速的变化。系统中将数据可视化表达模块化，使得每次的设计具有互换性、通用性。同时针对不同服务场景，设计多元化的图文“皮肤”，形成模板库，给予用户多样化的视觉体验，使得气象资讯更加丰富、更有温度。如针对北京市预警服务产品，将北京特色建筑与不同天气场景相结合，以手绘风格的形式呈现服务内容，使预警图文更具有可读性。

在智能化生产上，“译讯系统”以数据为驱动，实现图文生产的自动化，保证信息准确及时、智能发布。如目前已经实现业务化运行的预警图文生产，是通过对接国家突发事件预警信息发布中心预警信息数据接口，智能化匹配气象图形图表与场景模板，实现预警 H5 页面的自动生成和实时多端发布，大大地提高了气象资讯生产效率。

（三）气象服务应用的初步探索

目前，“译讯系统”以气象数据为核心、设计产品为基础、多个终端为平台、深度服务为延伸，初步实现了全媒体时代气象服务产品的一次创意、多种生产、多次传播，多端发布。针对气象防灾减灾服务，由“译讯”自动化生产的预警图文已经实现面向“中国天气”微博端智能发布。2022 年下半年，“中国天气”微博端自动发布国家级预警图文产品共计约 670 条，较以往大大地节省了人工采编和审核发布的工作量。在商业合作方面，“中国天气”与中国人寿财产保险股份有限公司联合为地方提供地理位置伴随式的预警图文服务，以自动化图文产品为切入点，赋能行业用户，推动了气象信息与其他行业的深度融合。未来，“中国天气”将持续关注民生、关爱生命，不断通过科技创新、技术革新，打造更多高质量的气象服务产品。

五、“译汇”融媒体气象数据大屏可视化系统

融媒体中心的核心理念在于“融”。如何能够将“融”字有效体现出来？如何让管理者快速看到融媒体中心媒体内容生产、气象产品生产、气象数据、服务器资源带宽的运行情况？下一个新闻热点在哪里？宣传力量应该集中在哪些平台？新策划推出后的效果如何？“译汇”融媒体气象数据大屏可视化系统就是为了解决上述问题而诞生的，实现一屏统揽、整合调度，打造更加智慧、更加智能的大屏可视化解决方案。

（一）让业务数据集中整合，一屏统揽

“中国天气”媒体中心“译汇”融媒体气象数据大屏可视化系统通过搭建统一的媒体融合展现平台，从舆情搜集、热点挖掘、内容策划、宣传推广、历史媒资等各方面对已有的媒介资源进行整合，充分实现新媒体资源与传统媒体的相互融合，打造“资源通融、内容兼顾、宣传互融、利益共融”的新媒体形式。通过大屏可视化系统对整个融媒体中心业务进行综合性的管理与发布，达到一屏统揽、整合调度的目的，实现更加智慧、更加智能的管理方式。

（二）生产流程透明化，实时掌握业务节点

资源整合后的下一个环节是新产品的生产。“译汇”融媒体气象数据大屏可视化系统将新产品从报题、选题、策划、制作、发布的整个生产流程在融媒体中心得以体现，使业务节点更加透明。

通过这种方式，一方面，可以提高运营效率，当所有业务节点都以全量的方式在融媒体中心展现时，将极大地提高各环节的参与度，促使各个节点均以最佳方式运作；另一方面，也可以提高新产品生产的成功率，能够及时发现生产过程中存在的问题，一定程度上降低了生产失败所带来的损失。

（三）成效展示，让百姓喜欢的内容实现良性循环

新内容产出后，面向用户竭尽所能做好运营工作是否能得到满意的结果呢？

“译汇”融媒体气象数据大屏可视化系统具备了基于“中国天气”所有业务线的数量统计功能，为“中国天气”业务发展提供了有力技术支撑。

它集合各媒体运营数据，以动态直观的方式展现融媒体数据，为综合管控提供可视化服务，为各媒体横向传播对比提供数据支撑；并以可视化的形式展现各媒体渠道的粉丝变化，聚焦粉丝喜好变化，实现各媒体平稳发展、良性循环。

此外，“译汇”融媒体气象数据大屏可视化系统对数据采集、加工、传输、发布，以及硬件资源、网络、带宽运行等信息进行动态展示，“一图式”全局性可视化安全生产各环节。

（四）气象特色大屏的可视化设计

相比于传统图表与数据仪表盘，“译汇”融媒体气象数据大屏可视化系统以更生动、友好的形式解读数据，呈现出隐藏在庞杂数据背后的业务洞察。整体设计将业务数据与三维引擎、GIS（地理信息系统）的地理信息、二维图表相融合，实现基于大屏幕的数据可视化。

针对“中国天气”融媒体中心业务，充分考虑其气象属性，可对大屏数据

可视化设计思路作如下解读：

布局：“中国天气”融媒体中心大屏采用曲面屏，栅格化对称布局，让整体视觉左右平衡。屏幕中央作为主体部分进行重点介绍，辅以动效等第一时间抓住参观者的视线，烘托主题。两侧内容作为对主体的补充、扩展，保证了全屏内容的完整度。

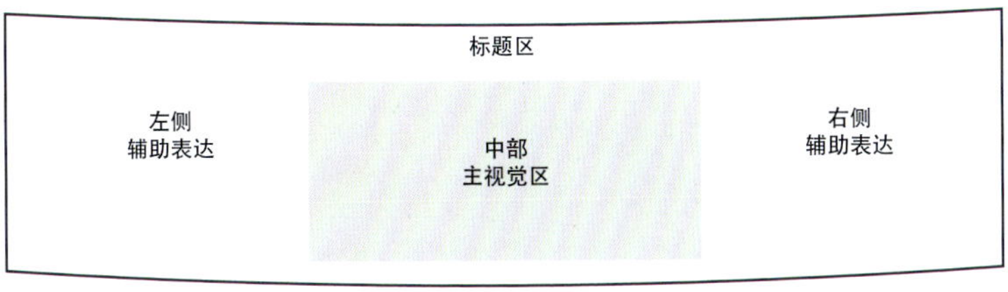

“译汇”融媒体气象数据大屏可视化布局

风格：整体配色、图表设计体现科技感、未来感，契合元宇宙之下，与时俱进的气象服务能力，添加光纤动效，使数据更加灵动，具有层次感。

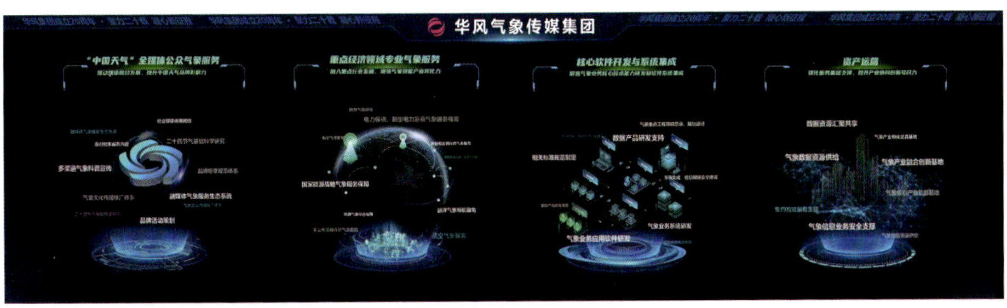

体现科技感、未来感的设计风格

颜色：“中国天气”融媒体中心硬装空间配色为白色和灰色。为缓解参观者视觉压力，同时更好地传达数据信息，大屏底色选择深蓝紫色，透亮的蓝色系、荧光绿做主视觉色；辅以明黄、亮紫作为跳色，突出部分重点内容。

字体：首选现代、简洁的字体，更符合专业气象行业的气质；同时考虑开发实现，选用适配度高的字体。标题选用优设标题黑，其他字体选用微软雅黑。

地图：为了体现气象服务的空间、时间多维度，选用 GIS 立体地图，将实时数据展现于立体地图之上，辅以趋势分析图、色彩热力图，将原本枯燥难懂的气象数据转译成直观、易理解的可视化服务产品。

图表：根据每屏数据内容选取合适的图表风格，配合设计，适配大屏整体展示效果。为了凸显对于各个网络传输过程及机器运行情况的监控过程与分析，选用了柱状图作为“比较”类图表，将不同机组置于 X 轴，占比情况置于 Y 轴。

对传播情况进行数据分析，随时间变化，做相对差异的堆积面积图。

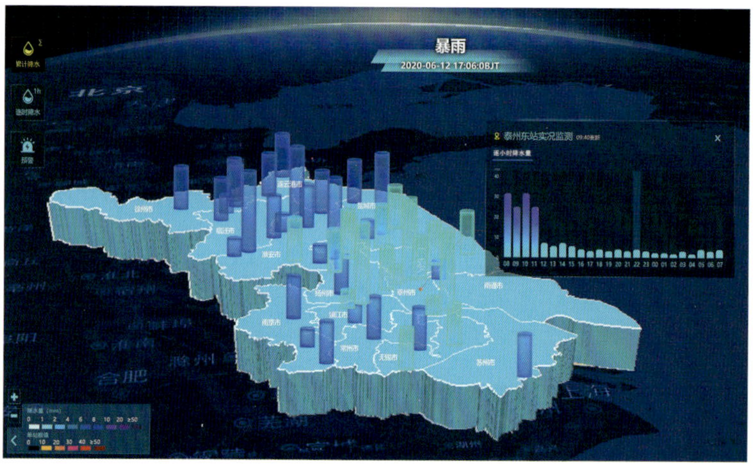

降水量数据在地图的三维可视化表达

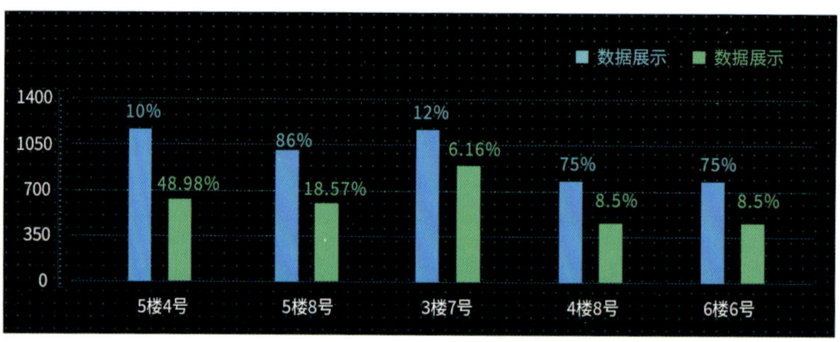

网络传输过程及机器运行情况数据的图表可视化表达

“译汇”融媒体气象数据大屏可视化系统实现了可视化场景设计、前端页面开发、后台管理系统搭建和屏屏控制 App 的自主研发，为气象类融媒体演播室提供一整套的大屏可视化解决方案。目前该系统已在“中国天气”融媒体中心正式启用，为“中国天气”品牌旗下各类融媒体业务提供技术支持。

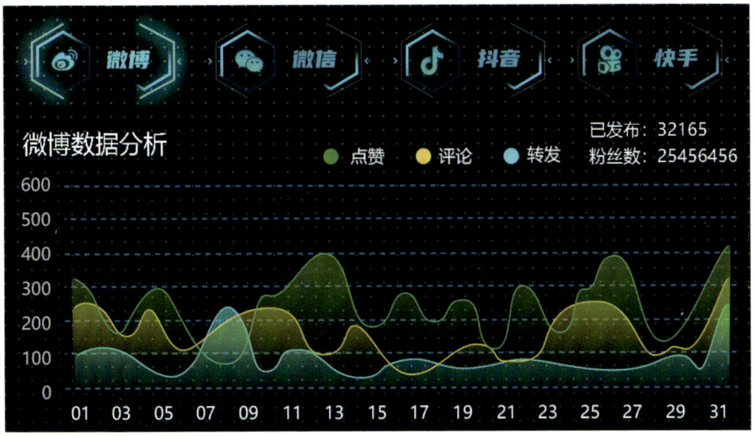

新媒体传播效果数据图表可视化表达

六、“译融”融媒体气象服务手机客户端

（一）便捷办公，没有时间地点的限制，提高工作效率

在融媒体传播时代，时效性是新闻的基本特征之一。为有效管理新闻的生产过程，以移动化办公形式实现新闻素材收集、审稿等功能是非常有必要的。

当记者需要收集记录素材时，可及时打开“中国天气”融媒体 App，将照片、视频配以简单的描述，信息便可通过 App 接口快速回传到“中国天气”融媒体中心的资源库。后方人员可即刻进行整理，并将信息发布到各媒体渠道终端，抢占发布先机。不需要带着笨重而庞大的录影录像设备，也不受限于时间、地点以上工作流程，仅需一部手机就可以解决；记者在外采集新闻素材时，不需要返回办公场所处理，直接通过网络回传；不限定节假日，随时随地、随采随传，不错过每个新闻热点。

“中国天气”融媒体 App 具有强大的拍摄记录功能，不限制素材大小、张数。采用账户权限配置，赋予内部记者最大采集权限，将最优质素材回传至资源库；同时自动记录拍摄地点、拍摄时间。这样，无论是捕捉当前热点，还是后期作为历史素材使用，都具有高优画质及完整信息标签。

（二）流程和进度透明，第一时间获取业务所处节点，所有稿件可追溯

App 对接“中国天气”融媒体中心稿件业务流程的全过程信息，可对新闻生产过程进行有效管理。包括线索收集、资料收集、选题报题、选题审核、任务分派、采访、编辑、稿件审核、发稿等在内的各业务节点均可通过 App 实现全流程掌控。流程和进度透明化，确保所有稿件可追溯。管理者可掌控报题制作进度，编辑可跟踪稿件审核节点，各岗位人员可查看业务分配情况。

在传统媒体时代，审批需要经过漫长的等待才可进行下一步的操作。App 移动化办公解决了需要线下等待的问题，编辑可通过 App 查看当日新闻线索，对天气资料进行分析、挖掘新闻选题。App 独有的快速审核反馈机制也节省了审批时间。当有报题审核计划时，只需“叮”一声即可传至当日值班主编移动端。无论编辑身处何地，都可随时提交申请；无论主编在哪里，都可随时审批，随时分配任务。通过这种方式，大大节约了内部管理时间，不仅策、采、编、发流程完整，且时效更快。

（三）社会化 UGC（用户生成内容）回传，全民皆是记者

热门气象新闻通常与罕见天气现象或重大灾害性天气有关。虽然我们的记者无法遍布地球每个角落，但是只要有手机，App 便可连线世界各地。

App 通过设置用户权限分类，迎来了“全民记者”的盛况。只要使用 App，每一个人都能将新闻线索或素材回传至融媒体中心。如此，内容个性化、视角多元化的素材又进一步丰富了中国天气网的新资源地。

（四）设计突出功能性和实用性，交互灵活、用户体验感流畅

为突出功能性和实用性，App 集合了四大功能：素材上传、素材下载、稿件审核、国省通联，完美解决了新闻素材收集后无法快速回传的问题，极大地缩短了采编时间。同时，可以实现与省气象局的快速联动，还可在第一时间获得全国各地的新闻事件，抢抓“爆点”时机。

通过 App 实现新闻素材快速回传至融媒体中心

App 界面根据产品功能，整体设计风格趋向扁平化。通过对页面信息进行全盘考虑，研究使用场景及使用需求，对页面的文字、图形和表格进行排布、规划，整合内部逻辑和界面，划分功能区域，明确调转关系。在首页的界面设计中，天气信息以卡片形式呈现；页面中间最为醒目的位置放置预警信息，使之更加直观易懂。通知和工具集采用标签式导航和宫格式分类界面布局，所有功能一目了然。

App 界面主色采用经典的蓝色，体现 App 的气象专业性和融媒体平台特色。红、黄、绿等互补色可以在强调重点信息的同时增强视觉冲击力。搭配灰色、白色及渐变色等辅助色，提升页面整体协调、统一感，形成综合色彩系统，使界面整体视觉效果专业化、品牌化的同时，起到划分区域、引导用户视觉的作用。

App 整体设计人性化，字体、图标和按钮层级叠加，使界面对应功能更加凸显的同时，更易于用户识别、使用。不同部件添加灵活交互，使用户拥有更加流畅的体验。

标签式导航和宫格式分类界面布局

（五）智能移动办公、高效协同工具应用

"中国天气"融媒体 App 实现了移动端与"中国天气"融媒体平台的协同应用，方便业务人员日常工作需要；工作流程清晰，方便决策人员了解内容生产进度；具备强大的移动端新闻素材收集写稿功能，满足受突发事件或重要天气影响时的快速发稿审稿需求；同时拥有社会化用户上传信息通道，打通多渠道批量采集投稿信息权限，进一步丰富内容个性化、视角多元化的"中国天气"新闻视角。

第十二章 气象融媒体演播室功能建设与应用管理*

一、融媒体演播室发展介绍

随着融媒体演播室技术发展的突飞猛进，不断升级换代，大型访谈直播、新闻播报、晚会等电视台节目的制作也得到了新的提升，两者相互促进融合发展，演播室技术满足了节目制作日新月异的需求，同时开拓了节目创作的思路，为观众带来了更好的收视体验。

在初期，由于技术的限制，演播室都是实景搭建的，而且为了节约成本，演播室的面积也都较小，基本上只能满足一个坐播区；主持人为一人或两人，摄像机位为单机位，主持人只需面对一台摄像机就可以完成整档节目的播报任务。

随着节目制作多元化的发展趋势越来越明确，实景演播室已经无法满足节目录制的需求，越来越多的节目制作开始采用虚实演播室进行节目的录制，利用摄像机跟踪技术、计算机虚拟场景设计、色键技术、计算机三维图形技术和视频合成技术，创造出逼真的、立体感很强的融媒体演播室效果，为多元化的节目制作带来新变革多景区、多机位拍摄、抠像、虚实结合等制播技术，实现了演播室从封闭到开放的背景演变，也使观众在视觉上多了真实自然的感觉。

---

* 本章由郑巍执笔。

为了更好地服务现场直播等新媒体节目制作业务，融媒体演播室顺应发展趋势，演播室配套系统采用融合媒体大屏、声学装修、舞美制景设计、音视频和摄录系统、灯光系统、传输系统、融媒体调度系统及平台、集约化管理系统及设备机房等，实现了多区域、多形态节目制作互不干扰的演播环境需求。

二、“中国天气”新媒体演播室录制业务的现状与需求

以移动互联网为代表的融媒体时代的到来，促使受众由单纯的资讯接收者向发现者、参与者、传播者转变。融合资讯为公众提供了更为便捷、个性化、自主化的新闻获取方式，公众可以依靠手机、平板电脑和个人计算机等多种移动终端，随时随地收发新闻信息，并可以利用多种方式参与到新闻传播中，如报料、评论、转发等。基于以上的分析和考量，传统广电业务已无法满足用户自主获取和分享信息、便捷地沟通交流、解锁智慧生活等服务需求，主要体现在如下几方面。

（1）资源来源缺少多渠道高效率的线索和内容获取方式。

（2）缺乏传统新闻与新媒体新闻的统一调度指挥。

（3）互联网发布多为传统新闻的互联网二次发布。

（4）未能充分利用社交媒体平台的传播途径。

（5）当前的新闻发布未重视用户细分和高端客户。

（6）缺少以统计数据为基础的深度挖掘与跟踪。

在融合发展前，中国气象频道与中国天气网的内设部门独立策划选题、撰写文稿、粗编新闻，相互之间和对外缺乏有效指挥调动地方资源参与新闻策划与报道，无法盘活内部以及各部门之间的融合力量，无法有效提升新闻报道的及时率。基于“互联网+”的理念和思维，以满足用户需求为核心的服务导向机制，构建全新融媒体制作服务平台，是媒体融合发展的必经之道。

想要推动传统媒体和新兴媒体融合发展，需着力打造一批形态多样、手段先进、具有竞争力的新型主流媒体。在此媒体融合思想指导引领之下，“中国天气”品牌于2018年正式创立，融合网络、电视、新媒体多种传播渠道，致力于打造中国一流的气象服务品牌，为公众提供最优质的气象服务产品。

随着 5G、大数据、云计算、物联网、人工智能等技术的不断发展，移动媒体进入加速发展新阶段。“中国天气”的图文资讯、短视频、直播服务、数据产品等内容均为原创作品，也是移动媒体领域最大的信息供给方，未来也必将成为“中国天气”品牌最大的竞争优势。鉴于融合前业务的分散性，以上媒体服务产品生产依托于不同的业务系统及平台，无法形成集约化生产及制作，制约了全业务流程生产效率的提升，无法适应媒体融合发展的时代需求，亟须建设集约、高效、融合、开放的服务平台。该服务平台需要具备资源集约共享、策划统一调度、台网端互动、全业务流程、协同生产、融合发布等能力。

此外，“中国天气”融媒体业务生产尚无配套的全媒体演播室。华风影视大楼 109 传统广电演播室主要承担中国天气频道实时节目录制。该演播室自 2005 年建成使用至今，每天连续运转 15 个小时以上，始终保持着 10 多年前的广电整体风格：景区单一，灯光老化，原有设计理念和陈旧的系统设备不仅远远落后于广电系统演播室整体水平，而且该演播室除简单的广电节目制作外，缺乏融媒体相关软件系统，已无法支撑“中国天气”融媒体业务互联网图文、视频及直播产品的制作、发布。因此，亟须建设融合传统广电与新媒体技术系统功能，体现“全媒体、全直播、多景区、多功能、流程化”的设计理念，实现多信源采集、多媒体互动、多景区空间共享、多平台传输分发等功能的全媒体演播室。

基于“中国天气”融媒体业务发展的现状与目标规划，109 演播室被定位为“中国天气”融媒体中心的物理承载区，是气象服务全媒体视频，图文产品制作、产出的重要阵地，将成为“中国天气”全媒体服务能力的展示窗口，是“中国天气”重要工作区、展示区、服务区。因此，为丰富气象服务内容的创新表达，提升全媒体视频产品的视觉呈现效果，融合传统广电与新媒体技术系统功能，增强“中国天气”可识别度，打造国际影响力，109 演播室的升级改造需从灯光视觉效果、技术系统展示进行全面升级和整体融合设计，引入国际领先的技术和理念，建成具有气象行业特色的“中国天气”融媒体中心。

三、"中国天气"融媒体演播室建设的必要性

在媒体融合趋势下，"中国天气"的气象媒体产品正由原来的单一广播电视节目逐步向全媒体方向演变，传播渠道也由电视传播转变为电视和互联网的组合传播，如借助网站、微信、微博及移动客户端等。而演播室作为全媒体产品制作的技术平台，是生产全媒体节目的场所，也是直接为用户服务的场所，更是电视媒体与新媒体融合的关键环节，在融媒体中心策划指挥、融合生产、融合发布、共享协作方面都有重要的作用。因此，为了满足业务需求，传统广电演播室需要向全媒体演播室转变。气象影视大楼 109 演播室作为 2005 年建成的传统广电演播室，功能单一、设备老旧，已无法适应"中国天气"全媒体业务发展需要，演播室整体升级改造迫在眉睫。在融媒体技术环境下，"中国天气"全媒体气象产品需要更多融合创新的表现形式。全媒体演播室是气象服务内容创新表达的载体，是有效、直观表达气象信息内在价值的载体，是中国气象局公共气象服务的重要传播阵地和宣传窗口。对气象影视大楼 109 演播室的全面升级改造，旨在打造出全新的"中国天气"气象服务品牌形象，使之成为连接气象文化、气象服务和公众全媒体气象服务需求的重要桥梁，并具备公众服务、气象宣传、气象文化认知、全媒体业务能力展示平台等多种功能。

在各类媒体百花齐放的融媒体时代，"中国天气"品牌能力的提升更需要有气象品牌特色的融媒体演播室进行支撑。融媒体演播室的建设需要结合"中国天气"品牌概念，提炼核心设计理念，打造"中国天气"品牌形象，使之紧密贯穿并渗透在演播室设计的具体细节中，提炼形成"中国天气"品牌传播理念，体现气象融媒体工作文化内涵。业务功能规划设计应充分考虑实际业务需求，建设融入"中国天气"品牌文化特色及气象元素，体现一体化整体设计要求，美观、实用、高效且环环相套。要充分合理利用演播室空间资源，通过制景、灯光、舞美的组合调度，巧妙贯穿出气象服务信息的内容层次。搭建景区、系统设备以及节目内容传播策略融合统一，完美体现技术与艺术的相辅相成，从而更好地支撑"中国天气"融媒体业务，展示"中国天气"服务能力。

四、“中国天气”融媒体演播室功能需求设计

中国天气融媒体演播室建设满足“‘中国天气’产品名录”中四大类44款全媒体产品，以及中国天气自制类节目的包装制作需求，可实现图文、短视频、直播、访谈各类节目的多信源采集、多媒体互动、多景区空间共享、多平台传输分发。通过打造全媒体气象服务产品制作和全媒体互动传播区域，全面满足“中国天气”特色产品制作发布，着重体现气象预报、灾害预警权威发布、重大气象灾害现场互动体验和深度解读，以及气象科普、气象生活综合服务等功能。

第十三章 气象影视与融媒体演播室的设计创新融合*

一、气象融媒体演播室设计灵感

随着云计算、大数据等新一代信息技术的迅猛发展和在媒体行业的广泛应用，融媒体平台的建设在全国多行业落地，承载平台的物理空间也由传统演播室蜕变为融媒体中心演播室。2022 年，“中国天气”顺应行业发展和业务需求，启动融媒体中心建设。为了更好地完成“中国天气”融媒体演播室的建设，项目工作组组织开展了融媒体演播室的相关调研工作，本着“承载现在、放眼未来”的建设思路，对近年来国内具有代表性的融媒体中心，尤其是气象行业内的多个融媒体演播室进行了深入调研。

（一）融媒体中心标杆——人民日报社“中央厨房”

人民日报社“中央厨房”作为中央媒体融合的标杆性工程，2015 年建成以来为很多广电、报业、行业媒体建设融媒体中心起到了引导和启示作用，是面向受众、面向国际、面向未来的新一代内容生产、传播和运营体系。以内容的生产传播为主线，“中央厨房”不仅服务于人民日报社旗下的各个媒体，更为整个媒体行业搭建了一个支撑优质内容的生产公共平台，聚拢各方资源，形成聚合发展合力。

在组织架构上，人民日报社“中央厨房”打破了过去媒体板块分割的运作

* 本章由李寅锴、郑巍、朱艳平执笔。

模式，专门设立总编调度中心，建立采编联动平台，统筹采访、编辑和技术力量，实现“一次采集、多元生成、多渠道传播”的工作格局。也就是说，“中央厨房”是新闻生产的中枢神经，主要发挥着集中指挥、高效协调、采编调度、信息沟通等基本功能；而总编调度中心和采编联动平台共同构成了人民日报社“中央厨房”的融合指挥部。

中国天气融媒体中心建设工作组带着不同需求和视角几次参观人民日报社“中央厨房”。作为官媒及报业性质的融媒体中心，“中央厨房”虽然与气象行业融媒体中心在制作内容及流程需求上有所不同，但是“一次采集、多元生成、多渠道传播”的工作格局正是“中国天气”融媒体中心所急切需要革新的。有了标杆性质的案例为先导，可以避免走弯路。“中央厨房”运行多年后的成功经验，可以从规划设计上帮助我们取长补短。

（二）国内气象融媒体演播室先行者们——行业特色设计案例

气象行业近年来为积极响应习近平总书记号召，在多个省、市甚至县气象局新建或改建气象影视演播室时，均成立有融媒体中心。虽然有不少气象融媒体演播室（中心）实际功能仍以气象影视中心为主，但是其中不乏一些具有气象行业特色的设计案例为我们提供思路及参考。

1. 桂林市气象局气象影视中心（250 平方米以内的融媒体中心规划设计）

桂林市气象局气象影视中心的设计灵感取自当地地域特色和气象特色，来源于桂林山、水、竹排，同时引入气象特色元素设计，将地域文化设计带入气象融媒体演播室，使人犹如置身于桂林山水之中，有一种身临其境的体验。

2. 浙江省气象局气象融媒体中心（500 平方米以上的中大型工作空间）

浙江省气象局融媒体中心的设计灵感源于雨滴，整个空间从一滴水落入到水面之后逐渐形成。水滴落入湖面后，泛起层层涟漪，之后形成各个不同的功能区域仿佛大大小小的雨滴。大厅整体呈现出雨滴下落的艺术造型，环境统一和谐；小区域雨滴的落点则是选题策划桌，营造出“下雨天”的意境，犹如西湖上的绵绵细雨。下雨的同时，泛开涟漪，也犹如气象分析线那样错落有致、引人入胜。

在细节概念设计上，体现出了雨水融合的设计意图，顶面的照明灯具泛着光点，犹如涓涓的溪流，汇成湖面亦或是大河。

桂林市气象局气象影视中心核心舞美置景区效果图

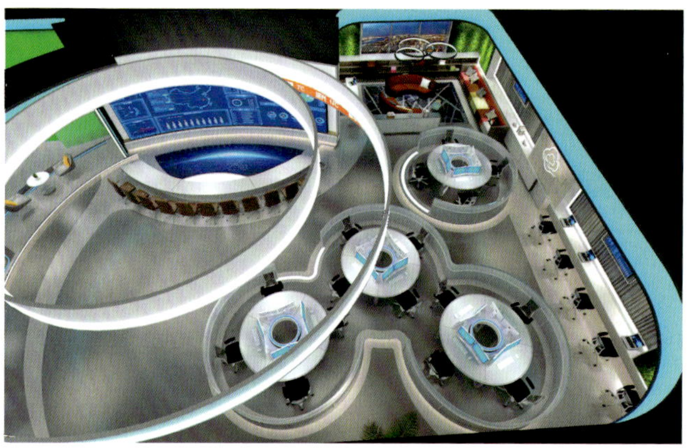

浙江省气象局气象融媒体中心设计取材于水滴涟漪效果

浙江省气象局气象融媒体中心信息汇聚大屏及业务编辑区

（三）“气象影视国家队”的融媒体演播室需求

1.“中国天气”融媒体业务生产尚无配套新媒体演播室

“中国天气”品牌作为中国气象局气象媒体服务的排头兵，为了适应新媒体的需求，旗下中国天气网和“中国天气”频道内容及展示形式需要不断丰富更新。经过多年的建设运营，融合发展后的频道和网站积累了大量的融媒体产品生产、发布、运营经验，并且不断提升“中国天气”品牌融媒体服务的影响力。“中国天气”的图文资讯、短视频、直播服务等气象媒资均为独家原创作品，也是该领域最大信息供给方，未来也必将成为“中国天气”最大的竞争优势。但是随着新媒体业务的大量发展，拍摄场地局促且无法同时并行、快速、高效地录制节目的问题，对于内容生产造成了掣肘之痛。“中国天气”融媒体业务生产尚无配套全媒体演播室，不仅不能满足现有产品生产需求，更无法匹配未来业务发展的要求。

2. 亟须一个专业且具备高并发节目录制承载能力、软硬一体的融媒体演播室

修建“中国天气”融媒体中心前，日益活跃且高产的气象新媒体产品录制由于没有专用录制空间，编辑团队往往“就地取景”，在办公室、会议室、走廊、夹道或者展厅进行拍摄，一定程度上影响了录制质量和产能的稳定性。基于业务的发展需要，“中国天气”意识到亟须一个专业且具备高并发节目录制承载能力的融媒体演播室为新媒体节目生产保驾护航。

同时，“中国天气”融媒体中心应该是软硬一体的，除了演播室的建设，也需要开发配套的融媒体平台。在项目启动前，“中国天气”媒体服务产品的生产分散于多个业务系统及平台，无法形成集约化生产及制作，制约了全业务流程生产效率的提升，无法适应媒体融合发展的时代需求，也无法支撑国省联动的业务需求。因此，从功能需求方面而言，“中国天气”亟须建设集约、高效、融合、开放的融媒体业务平台，具备资源集约共享、国省联动、统一调度策划、全业务流程协同生产、台网端互动、融合发布和精细化运营监控等能力。

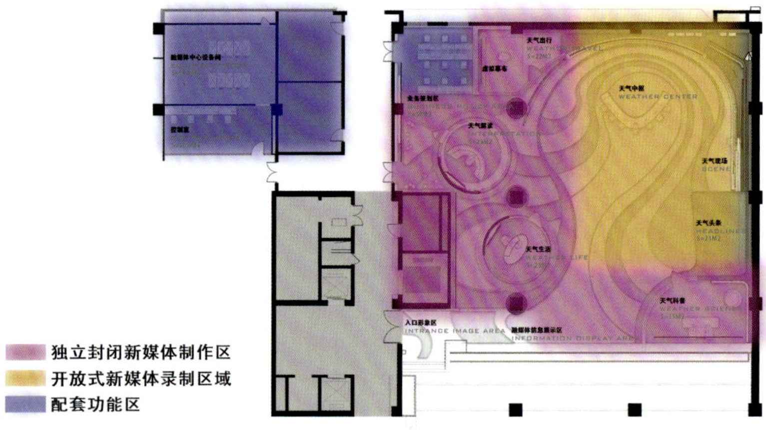

“中国天气”融媒体中心功能分布落区示意图

二、融媒体演播室总体设计思路

（一）整体设计理念

基于前期大量调研工作，“中国天气”融媒体中心项目工作组通过多次内部讨论并听取华风集团领导及专家评审建议，决定打造气象系统内部首个融媒体业务制作空间，用来提升气象服务的全媒体传播效果。遵循“全媒体、全直播、多景区、多功能、流程化”的全媒体设计理念，实现多信源采集、多媒体互动、多景区空间共享、多平台传输分发等功能；同时设计理念上借鉴其他新建气象影视中心（融媒体中心）案例，采用诸如“等压线”“天气形势线”“雨滴涟漪”“彩虹”“二十四节气”等气象创意元素，并大胆运用到整体物理空间设计中。

新建的中国天气融媒体演播室将融合传统广电与新媒体技术系统功能，丰富气象服务内容创新表达的载体，提升全媒体视频产品的视觉呈现效果，建设新型融媒体演播室，进一步强化“中国天气”品牌形象。

从功能实现上，“中国天气”融媒体中心由“‘中国天气’融媒体数字展示区”“气象潮汐式融媒体信息汇聚区”“气象创新媒体录制区”“气象采编工作运行平台”四大活动板块组成。全新适配互不干扰、高并发生产的新媒体生产模式，通过结构升级、设备升级、功能升级，为融媒体气象服务提供配套的物理载体。

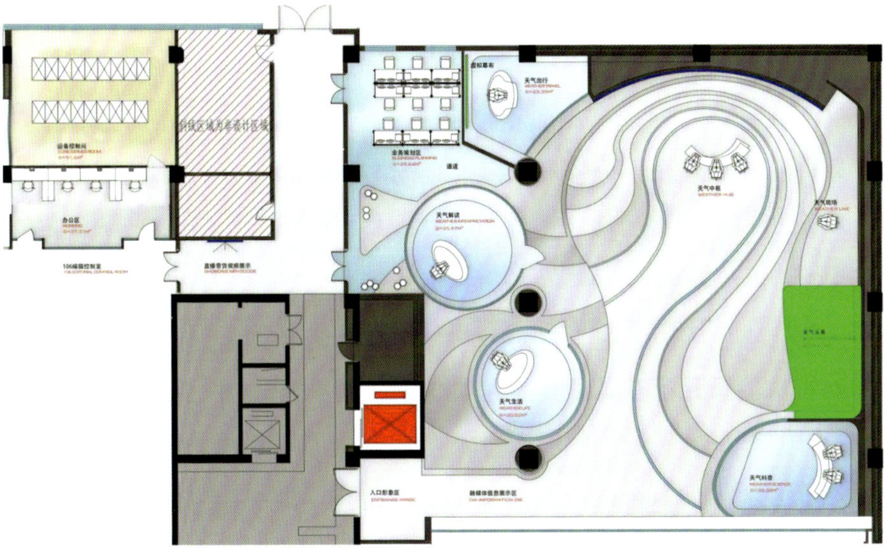

“中国天气”融媒体中心平面布局图

（二）设计原则

充分体现“中国天气”品牌传播理念与气象融媒体文化内涵，结合“中国天气”品牌概念，提炼核心设计理念，并紧密贯穿、渗透在演播室设计的具体细节中。

业务功能的规划设计充分体现了实际业务需求，融入“中国天气”品牌文化特色及气象元素，满足一体化设计要求，整体美观、实用、高效。充分、合理利用演播室空间资源，通过镜头、灯光、舞美的组合调度，巧妙凸显气象服务信息的内容层次。景区设置、系统设备以及节目内容传播策略融合统一，逻辑契合度高，完美体现技术与艺术的相辅相成。

设计兼顾了前瞻性、国际化，科技感十足，整体非常注重演播室功能的可拓展性与模块化。紧紧把握定位明确、理念清晰、特征鲜明，具备适度超前意识，场景设计体现动态化、模块化的思路，易于调整，常变常新。

（三）设计理念解析：气象创意元素在“中国天气”融媒体演播室的应用

1. 气象创意元素贯穿整体舞美置景设计

整体规划汲取中国的山水精神，设计以一步一景秩序塑造空间的气场，并通过未来科技元素不断强化场地的仪式感，形成强烈的视觉冲击。设计上不留痕迹地将山水理念引入整体环境，从而营造一个“既像山、又像水、也像云”的、具备中国山水精神的特色化设计，成为国内融媒体演播室中独树一帜的存在。正如“恰是未曾着墨处，烟波浩渺满目前”，文化传承的气势穿越云海与浪涛，使观者仿佛进入充满自然科幻的专业化的气象定制空间。

2. 气象创意元素在局部舞美置景中的应用——“山”“海”“云”“水”

中国天气融媒体数字展示区（即门厅形象展区）采用“云海”“流动”作为设计主线，设计形态自由流畅，其顶部犹如云海翻腾一般又极具未来感。整个通道延续了这种“自然化”的形态，引导来访者深入探访。

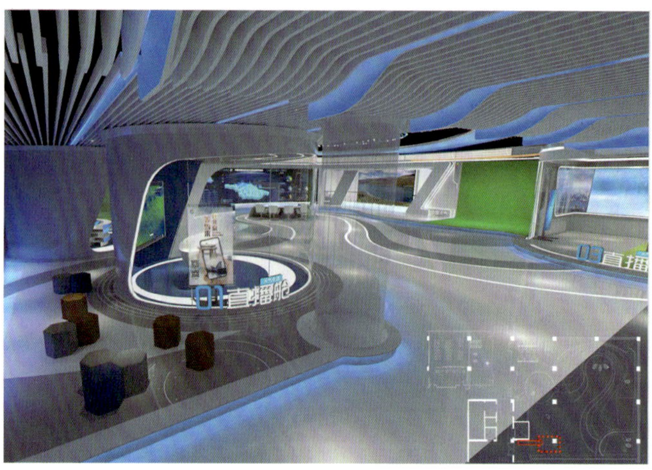

“中国天气”融媒体中心门厅顶部异型铝方通效果图

3. 气象创意元素在局部舞美置景中的应用——二十四节气元素

二十四节气蕴含丰富的气象内涵，是能体现气象文化的知名 IP。“中国天气”融媒体中心在门厅顶部设置二十四节气灯牌，每个灯牌各含有一个不同节气的代表性植物，极具文化内涵。

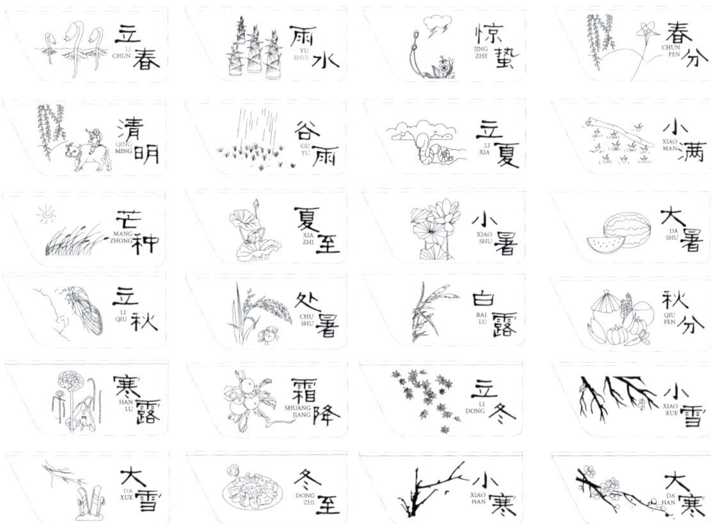

“中国天气”融媒体中心二十四节气灯牌原图

“中国天气”融媒体中心二十四节气灯牌实景展示图

4. 气象创意元素在局部舞美置景中的应用——水滴

封闭式新媒体录制区由 4 个全透明的玻璃舱体组成，采用模块化设计，应用于新媒体节目录制，分别为01舱天气生活、02舱天气解读、03舱天气出行、04舱天气科普。每个舱体犹如4颗水滴落在地面上。每个直播舱室是独立的个体，可应用于不同的节目类型，在视觉上呈现出“大珠小珠落玉盘”极佳的景观视野，圆形空间设计带来开放感与包容感。同时，透明玻璃舱体与华风气象影视楼一层玻璃幕墙高度配合，既能使主要置景一览无余，又将整体空间分割成独立单元，提高了实用性，一览无余又错落有致。

“中国天气”融媒体中心取材水滴涟漪效果图及实景图

5. 气象创意元素在局部舞美置景中的应用——等压线图、天气形势线图

演播室顶部灯带与地面地胶部分遥相呼应，汲取气象等压线图、天气形势图曲线姿态，大气磅礴却又不失灵动，所有舞美置景分布在曲线四周，中心空白区域不突兀，整体分布十分协调。

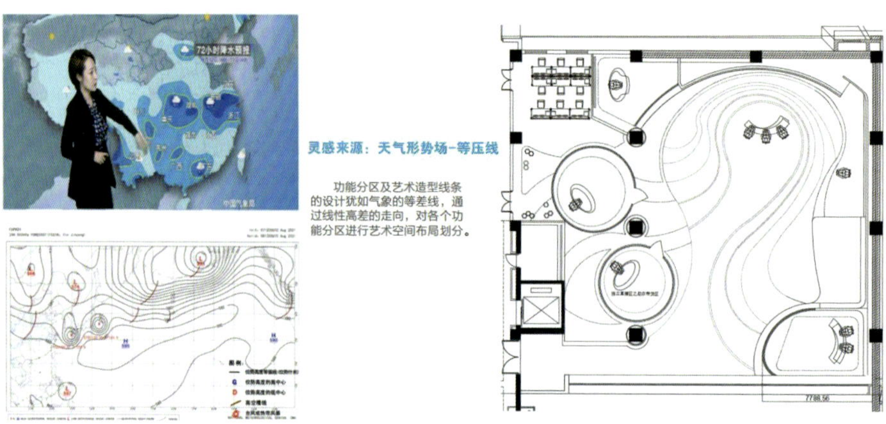

“中国天气”融媒体中心设计线条灵感取材等压线图

6. 气象创意元素在局部舞美置景中的应用——星空

演播室开放式录制区中心位置的顶部，其设计参考星空浮云，由 365 颗定制球形 LED 灯泡点缀组成星云。同时，灯泡环状矩阵如钻戒指环，围绕着中心的“‘中国天气’ LOGO”标志。

“中国天气”融媒体中心顶棚环形灯带设计灵感取材于星空图

（四）设计创新点及亮点分析

1. 整体设计理念创新——开放式气象“梦工厂”

整体设计采用开放式融媒体中心设计理念，将新媒体节目录制、融媒体中心业务工作、多功能展示厅功能融汇到了一个统一空间，协同生产又独立录制，互不干扰，在大幅度提升工作效率的同时，也能达到一流的视听效果。

"中国天气"融媒体中心入口处平视效果图

2. 空间规划布局创新——"4+3"录制景区

引用太空舱设计理念，每个新媒体直播间采用封闭透明舱体，大小满足新媒体节目的制作使用需求，同时充分考虑声学环境的技术营造，兼顾业务应用、空间规划、美学呈现。

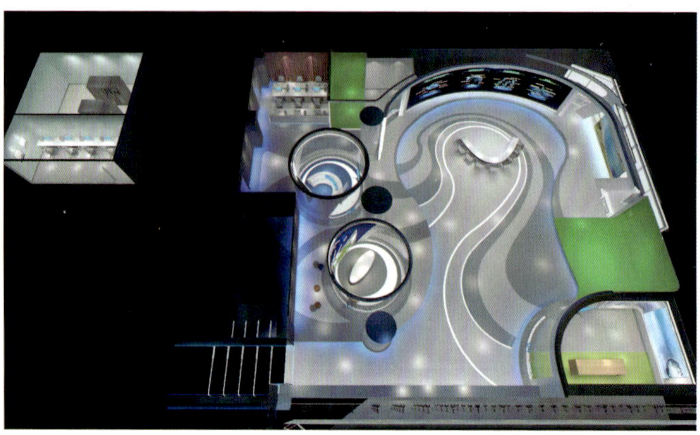

"中国天气"融媒体中心布局分区鸟瞰效果图

3. 业务融合生产创新——"中国天气""中央厨房"

整体设计采用现代融媒体中心设计理念，可以完整呈现融媒体时代的采集、策划、制作、分发、运行、监控、效果等全业务流程的开放式“中央厨房”的工作模式。现代化新媒体制播及演播手段都可在其内部实现。

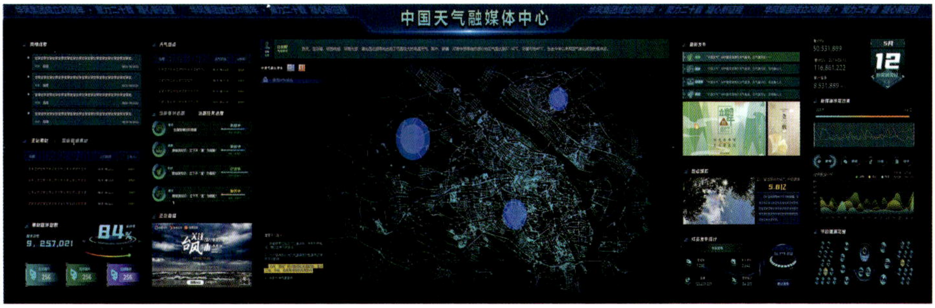

“中国天气”融媒体中心信息汇聚大屏展示界面

4. 多元功能利用创新——承载业务与参观多功能

除承担新媒体节目录制制作功能外，“中国天气”融媒体中心还承载着新媒体业务和参观展示功能。应用透明屏、拼接屏、视频矩阵等技术展示演播室整体功能。同时，内部还打造了气象节目录制体验区，可为参观者提供沉浸式体验。

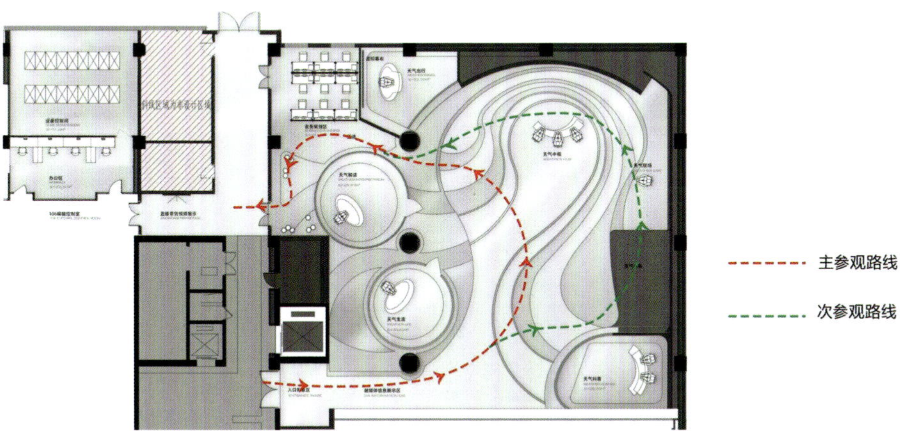

“中国天气”融媒体中心参观动线示意图

三、融媒体演播室功能承载

建成后的“中国天气”融媒体中心（含设备控制间等）面积约为 560 平方米，整体物理空间布局包含了独立封闭新媒体制作区（4 个独立舱体）、开放式新媒体录制区（融媒体信息汇聚大屏区、多功能站播区、虚拟演播区等）和配套功能区（包括门厅形象展示区、业务讨论及新媒体导控区、设备控制间等）。整个区域能实现新媒体制播的统一部署与整体资源调度工作，同时最大限度地保证独立制播互不干扰。“中国天气”融媒体演播室位于华风气象影视大楼 1 层 109 室及 106 室，原中国气象频道制播演播室旧址。

（一）独立封闭新媒体制播区设计

如下图所示，独立封闭新媒体制作区分为 4 个独立玻璃舱体，均匀分布在演播室南侧、西侧。通透的钢化玻璃墙体在保留室内通透观感的基础上，通过优化顶部及所有缝隙，增强吸音隔音效果，最大程度满足了节目独立录制的声学要求。

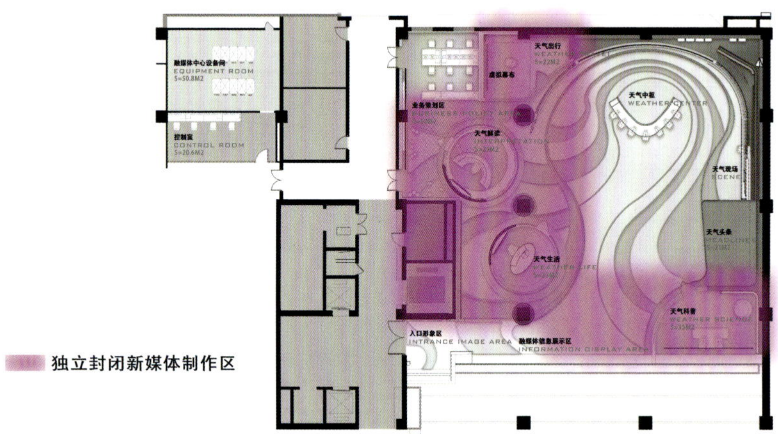

“中国天气”融媒体中心独立封闭新媒体制作区分布落区示意图

（二）开放式新媒体部分设计

如下图所示，开放式新媒体制播区主要为传统媒体录制常见的：大屏展

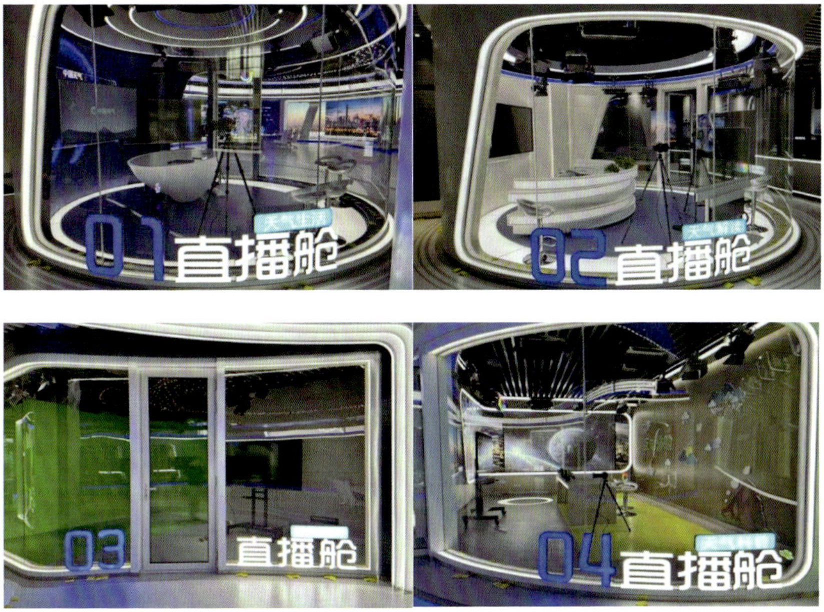

“中国天气”融媒体中心 4 座玻璃直播舱实景图

示区及绿箱抠像区。创新式设计，采用国内顶级 LED 大屏厂商小点距拼接屏。主屏区双 4K 分辨率拼接屏左右排布，适合展示融媒体内容；副屏区 4K 分辨率拼接屏，完美适配非抠像需求场景下的图片视频背景录制需求。传统绿箱抠像区的保留兼顾了抠像虚拟制作需求及参观模拟上镜需求，最大程度兼顾了新旧媒体全方位需求。

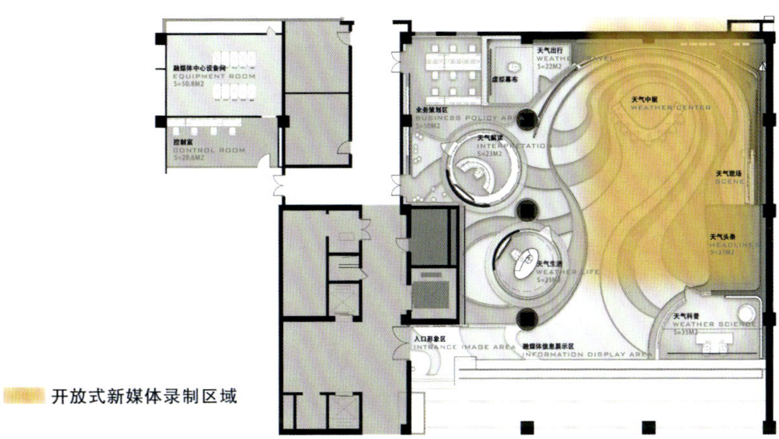

“中国天气”融媒体中心开放式新媒体录制区域分布落区示意图

“中国天气”融媒体中心开放式新媒体录制区域平视效果图——融媒体信息汇聚大屏区

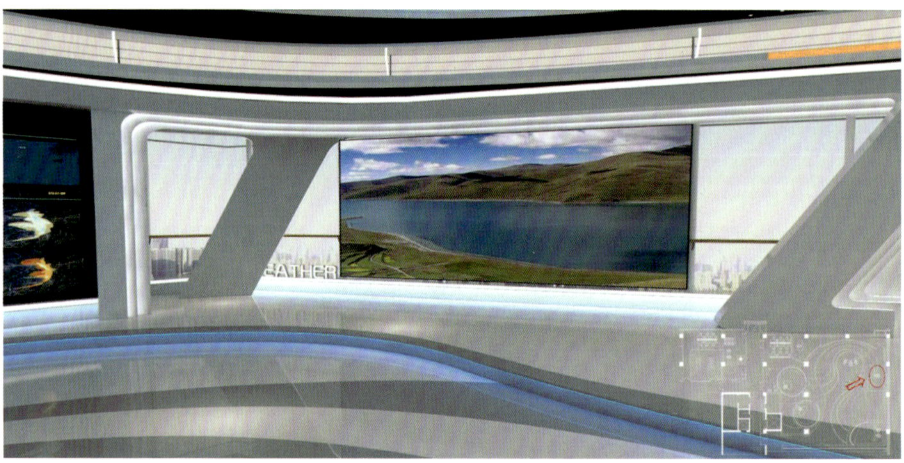

“中国天气”融媒体中心开放式新媒体录制区域平视效果图——多功能站播区

（三）功能配套区

如下图所示，配套功能区主要由门厅形象展示区、业务策划区及配套设备间构成，为整个“中国天气”融媒体中心提供配套服务支持。

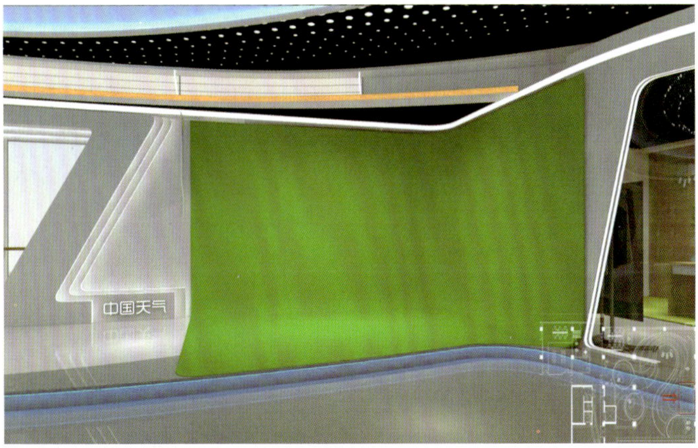

“中国天气”融媒体中心开放式新媒体录制区域平视效果图——虚拟演播区

“中国天气”融媒体中心配套功能区分布落区示意图

“中国天气”融媒体中心配套功能区平视效果图——门厅形象展示区

“中国天气”融媒体中心配套功能区平视实景图——业务策划区

“中国天气”融媒体中心配套功能区平视效果图——配套设备间

第十四章 “中国天气”融媒体演播室技术标准*

一、“中国天气”融媒体演播室主流技术应用

新媒体的快速崛起驱动了演播室融合传播转型的技术发展，移动互联网、大数据、多屏联动等新一代信息与电子技术对全媒体节目制作、播出、服务等产生了全方位的影响。“中国天气”融媒体演播室采用“全媒体、全直播、多景区、多功能、流程化”的设计理念，融合了广播电视、多屏交互和 IT 等全媒体技术，能够实现多信源采集、多媒体互动、多景区空间共享、多平台传输分发等功能。

“中国天气”融媒体演播室在硬件集成上满足多讯道技术要求，支持标、高清节目制作，兼容面向超高清的扩展。同时，演播室系统应用融媒体演播建设和视听领域的主流技术，具备 IP 化集成、大数据融合、5G、实景、虚拟等功能，实现了节目录制的实景化与虚拟化的结合、视听传播手段的多样化、三屏乃至多屏应用以及基于网络平台的发布。

* 本章由郑巍执笔。

二、“中国天气”融媒体演播室设备配套标准

（一）演播室配套系统及设备情况

演播室规划建设了4个独立直播舱体、3个开放式新媒体录制区（包含2个抠像+1个实景）、2个配套功能区（编辑区、设备间）。通过视频系统、音频系统、大屏展示系统、灯光系统、网络传输系统等，整体实现信息系统集约化管理，业务高可靠性运行。

演播室设备配置包含：演播室灯光（平板、聚光、面光、染色灯）、演播室声学装修、摄像机、单反、手机、全能导控一体机、硬盘录像机、无线小蜜蜂、调音台、黑场发生器、视频切换器、格式转换器、交换机、路由器、LED背景展示大屏等。

（二）演播室设计建设标准

“中国天气”融媒体演播室的设计建设遵循以下国家或广电行业相关的技术标准：

GY/T 161—2000《数字电视附属数据空间内数字音频和辅助数据的传输规范》；

GY/T 162—2000《高清晰度电视串行接口中作为附属数据信号的24比特数字音频格式》；

GY/T 134—1998《数字电视图像质量主观评价方法》；

ITU-R BR.1384—1998《多信道声音录音的国际交换参数》；

AES3—1992《两通道数字音频串行平衡传输格式及输入输出接口》；

AES-3id—1995《不平衡同轴电缆AES3传输规范》；

AES10—2003《多通道数字音频串行接口（MADI）》；

AES17—1998《数字音频设备测量》；

GY/T 192—2003《数字音频设备的满度电平》；

GY/T 187—2002《多通路音频数字串行接口》。

同时，还遵循了中华人民共和国国家广播电影电视总局其他关于高清及标清数字电视设备系统的技术标准。

三、“中国天气”融媒体演播室音视频集成应用

“中国天气”融媒体演播室音视频集成采用总控的方式进行建设。在融媒体的实际应用过程之中，音频信号是必不可缺的组成部分。随着社会对于电视广播技术高层次、高质量发展的具体要求，我们必须在音频信号数字化的过程中切切实实地运用核心技术。在“中国天气”融媒体演播室建设过程中，不但要提高对高清晰视频和高质量图像的要求，而且必须要保证新媒体、客户端、电视广播实际投入时，具有高质量的伴音，给予用户不同的听觉感受。因此，要加强取样频率、量优化特数、编码方式三大重点工作。图像信号和声音信号两者之间不同的取样频率，决定着两者之间的带宽差异。在取样频率的具体把控过程之中，要使演播室数字频率参数与规定的参数相符合，可选择 32 kHz 至 44.1 kHz 之间的数值。除此之外，在整个频率参数的选择阶段，需根据整体的发展状态对声音频率有目标性、目的性地展开实际选择和综合考量等工作。不能单单要求优质，必须在保证其质量的基础之上与广播电视的发展状态、发展需求、发展方向高度吻合；并且要实时关注其图像信号场频所具有的相同联系，在保证能够得到确切有效的取样频率的同时，根据基带的宽度进行适当的工作调整。在一定程度上，还需加强对于低通滤波器的有效运用，以避免或减轻后续事故的发生。编码方式需时刻注意减少对于信号幅度的影响。数字音频的实际编码一般不会选取自然二进制码或者是偏置二进制码，这样能够有效地避免在业务运行过程中噪音、杂音现象的产生。在实现数字化音频技术的过程中，主要运用了全信号数字化和分量数字化两种基本的形式进行具体的操作。

中国天气融媒体演播室视频集成采用全信号数字化技术，主要针对于彩色电视信号，可对其直接进行数字化处理。这样能够有效地对信息进行具体性的整合，在一定程度上避免了后期反复编码的工作。视频信号在整个信号的具体传输过程中，具有一定的复杂性和烦琐性，为了让相关用户在第一时间接收到有关信号，必须在整个技术开展的前期使用复用码率，令信号传输变得更加简捷。将低速信号通过实际的技术进行转化，变为高速信号，加快在整个传输过程中的速度，有效达到传输容量的实际要求。现如今，世界上许多国家都已经具备自研的独特的数字速率系统，而且能够实时地根据实际的发展状况不断调整工作，按照自身要求展开后续操作。视频集成的主信号数字化技术将信号的传输流程变得更加专业化、具体化、系统化，使其能够拓展发展空间，延伸到不同的发展领域中。

第十五章 融媒体演播室后续应用与综合管理[*]

“中国天气”融媒体演播室的建设，给“中国天气”媒体业务带来的不仅是硬件和技术层面的变化，更重要的是整个新媒体业务生产模式、管理机制、运行保障模式的融合变革。因此，我们必须以媒体融合发展为目标，在确保安全的前提下，创新应用，建立适应全媒体融合发展的运行管理体制，通过资源管理的自动化和运行维护的系统化，提升整体效率。

一、“中国天气”融媒体中心后续应用、迭代、升级

“中国天气”融媒体中心演播室的建设是“中国天气”首次建设具有新媒体属性的演播室。在其建设和运行过程中，可能会面临业务模式不能全涵盖、缺乏配套机制、标准制定还不到位等诸多问题。因此，“中国天气”融媒体中心的建设不可能一步到位，应在明确业务和技术发展总体战略的前提下，秉持“总体规划、融合发展”的原则，考虑现有媒体业务的融合升级、新媒体业务的融合拓展、融媒体业务的创新探索、融媒体前沿技术的应用等多个方面，做好“中国天气”融媒体中心的后续运维和迭代升级，引导气象行业融媒体中心做好解决方案的规划，实现行业推广的战略目标。

“中国天气”融媒体中心演播室的应用要以“中国天气”媒体融合发展的

* 本章由朱艳平执笔。

目标为指导，以新媒体的各项业务运行规律为基础，将现有“中国天气”新媒体业务逐步迁移至“中国天气”融媒体演播室，并在此基础上推进国省气象业务融合发展探索，开展创新业务试验。通过实际业务的应用，以及对国省融合创新业务的探索和经验总结，对“中国天气”融媒体中心的业务应用提出直观的需求和应用发展规划，进一步促进“中国天气”融媒体中心全面、良性发展。

“中国天气”融媒体演播室的迭代升级将紧跟融媒体的前沿技术，本着注重舞美设计，采用开放式、全直播、全媒体、多景区、多功能、融合化的设计原则，紧跟广播电视、新媒体视讯、通信和互联网等全媒体技术发展的步伐，规划满足新形势下整体需求的迭代升级。基于现有的“中国天气”融媒体演播室，可从 5 个方面进行技术上的迭代、升级规划。（1）制播一体化升级，采集、切换、导播、录像、包装、播出一体化，使操作更简单；（2）传输 IP 化升级，基于 IP 网络传输与信息交互的协议集（NVI），进一步提升传输效率；（3）包装虚拟化升级，基于新一代真三维实时视频渲染引擎，提升包装效果和包装创意性；（4）互动云端化升级，基于云端的互联网数据信息和用户实时交互信息，实现云端互动；（5）播出全屏化升级，可向新媒体小屏播出，也可向传统电视及演播大屏播出，真正实现播出全屏化。

二、融媒体演播室使用管理与运维

“中国天气”融媒体演播室的使用管理重点在于对资源的使用管理。涵盖物理资源、系统资源、业务资源和网络资源等，融媒体演播室资源使用管理是精确化运维管理的重要内容，资源配置从业务发起到业务实现的整个过程。因此，建立适配度高且科学、有效的融媒体演播室资源管理系统并制定资源配置流程，是融媒体演播室高效运行的有力保障。通过资源管理系统掌握“中国天气”融媒体演播室总体资源分布情况，“中国天气”融媒体根据业务发展和业务需求迅速优化资源配置，及时有效地支撑业务运行；在资源管理系统中建立资源使用预约机制，通过各类资源的使用预约管理（包括演播仓预约、视音频设备预约、网络资源预约等），实现日常资源的精准调度管理，最大程度地发挥“中国天气”融媒体中心资源效益，降低运营成本。

“中国天气”融媒体演播室建设部署完成后，需要建立一套科学合理的运维保障体系，与融媒体中心的技术和业务发展相适配。“中国天气”融媒体中心的运维保障将支撑“中国天气”策、采、编、发、评融媒体全流程业务，涵盖运维团队建设、运维模式建设、运维流程建设、运维考核建设等多方面内容。

（一）运维团队建设

为了实施有效的运维管理，保证“中国天气”融媒体中心的正常运行，需要建立相应运维保障团队，明确运维保障团队的职责和责任，保证运维管理工作的有效开展及管理措施的有效落实。鉴于“中国天气”融媒体演播室的新媒体属性，运维团队结构应趋于扁平化。可通过简化作业流程和管理流程来增强运维工作的灵活性和适应性，提高工作效率，降低运行维护成本。

（二）运维模式建设

运维模式要充分适配融媒体演播室资源统一规划部署、全媒体业务共享使用的特点。其运维模式应由现有的垂直、分散维护模式（设备与平台独立建设、独立维护）演变为横向、集中的维护模式（资源共享、团队维护）。同时，由于演播室建设后的一段时间内，各设备和系统本身自带原厂运维资源，因此还要做好运维模式由自维＋代维混合模式向完全自运维模式转变的过渡工作。

（三）运维流程建设

“中国天气”融媒体演播室正式投入业务化运行，运维保障需持续提供满意的物理、系统和网络环境。业务运维保障流程涉及运维保障作业流程建设、运行监控系统建设、业务日常巡检流程建设、故障快速响应流程建设和对系统的持续优化流程建设。首先，任何高效的操作都需要有规范的作业流程指导；其次，应建立科学有效的业务运行监控系统，对网络设备、服务器、应用系统、安全设备等节点进行监控，并及时对监控信息进行数据关联分析以及风险预警；对于业务的日常保障，应根据全媒体业务需求和系统使用情况，安排日常巡检，并定期组织开展运维保障应急演练。故障快速响应应遵循运维保障作业流程，协调内部及外部人力、物力资源，迅速确认故障，快速恢复业务。同时，应根据系统承载和使用情况及日常运维中暴露的问题，按照规范流程合理安排优化调整。

（四）运维考核建设

鉴于“中国天气”融媒体演播室融合业务运行的复杂程度，以及代维和设备维保的交叉管理难度，在传统的安全播出及运维考核指标外，基于现代运维的要求，还要增加面向用户感知的业务质量管理和系统资源管理两大指标体系，分别用于衡量以用户为中心的业务服务能力和资源管理能力。

三、管理制度

制度是内部“法则”，是规范运行的基础，是优秀管理能力的成果和载体。因此，“中国天气”融媒体演播室的运行同样也离不开适配的管理制度。没有规范的制度，就没有规范的执行过程。基于“中国天气”现有业务情况，考虑未来的可扩展性，在“中国天气”融媒体演播室建成之际，必须建立一套系统的管理制度，用以规范融媒体中心管理者的权力、职责以及使用者的自主行为；规范业务运行流程和资源调配流程，在有效保障演播室整体运行平稳有序的基础上，固化“中国天气”融媒体中心的经验成果和管理成效。

“中国天气”融媒体中心管理制度建设将以系统性、规范化、可执行性为原则，从演播室使用管理、演播室网络通信管理、演播室安全管理、演播室机房及设备管理、演播室运维管理、演播室突发事件应急管理等方向进行规划。

（一）演播室使用管理

演播室的使用管理是整个“中国天气”融媒体演播室正常运行的基础保障，涉及资源、人员、物理空间等多个方面。“中国天气”融媒体演播室是全新建设的业务空间，为了能让演播室真正服务于业务，提升资源利用率和业务效率，必须建设科学适用的演播室使用管理规定，例如：融媒体演播室资源使用预约管理规定、融媒体演播室使用申请单、融媒体演播室人员权限管理规定、融媒体演播室业务运行管理规定、融媒体演播室参观接待管理规定等。

（二）演播室网络通信管理

“中国天气”融媒体演播室位于华风影视大楼内，在网络和通信管理上要遵守中国气象局和华风集团的相关管理规定，同时也要适配融媒体业务在网络通信方面的要求。因此，需建立相应管理制度以规范内外网、移动网络的使用，规范各功能区信息和数据传输，例如：融媒体演播室网络安全规范、融媒体演播室数据传输规范等。

（三）演播室安全管理

“中国天气”融媒体演播室安全管理涉及人员安全、设备安全、电力灯光安全、业务系统安全、消防安全等多个方面。建立科学有效的安全管理制度有利于减少故障、降低风险。例如：融媒体演播室人员出入管理、融媒体演播室外接设备使用管理、融媒体演播室电力灯光管理、融媒体演播室消防安全管理、融媒体演播室安全巡查管理等。

（四）演播室机房及设备管理

建立“中国天气”融媒体演播室机房及设备管理规定，规范“中国天气”融媒体演播室机房的使用、安全、卫生等管理，提升演播室设备的利用率和完好率。例如：融媒体演播室机房使用管理规定、融媒体演播室机房安全管理规定、融媒体演播室设备使用管理规定、融媒体演播室设备使用操作规范等。

（五）演播室运维管理

建立“中国天气”融媒体演播室运维管理机制，规定融媒体演播室运维流程、保障管理以及运维人员岗位职责，明确演播室业务系统、基础设施、辅助设施的运行维护要求，确保演播室业务运行安全可靠。例如：融媒体演播室运维管理规范、融媒体演播室运维流程、融媒体演播室运行监控管理等。

（六）演播室突发事件应急管理

“中国天气”融媒体演播室具备承载业务量大、种类多、任务紧的特点，突发事件应急管理尤为重要。制定完善的演播室突发事件应急管理制度，加强和规范突发事件应急管理工作，可以有效地提高防范和处置各类演播室突发事件的能力，最大程度地预防和减少突发事件及其造成的影响。例如：融媒体演播室突发事件应急预案、融媒体演播室突发事件应急处理流程等。

下篇　融变

——强化协作联动，促进经营融合

第十六章 “中国天气”媒体运营思路、现状与探索*

根据百度百科的解释，新媒体运营是指通过现代移动互联网手段，利用抖音、快手、微信、微博等新兴媒体平台工具进行产品宣传、推广以及营销的一系列运营手段。当前，互联网已经发展到了下半场，进入“存量用户”时代。在这个阶段，媒体运营的重要性越来越凸显，任何一家媒体平台在海量的信息浪潮中想要收获更大的流量、吸引更多的关注、创造更高的收益，都离不开有效的媒体运营。“中国天气”深知融媒体时代媒体运营的重要性，在多年的网络气象服务实践中，通过不断的探索，积累了丰富的气象媒体运营经验，并通过一系列运营手段为“中国天气”品牌赋能，不断提升品牌影响力，最终实现社会效益与经济效益的双赢。

与大多数媒体一样，面向各个平台打造官方账号，从而建立起全媒体传播矩阵是“中国天气”媒体运营的重要手段。从早期的微博、微信官方账号，到现在全面入驻快手、抖音、百度百家、腾讯、B 站等各大自媒体平台，“中国天气”已经实现热门传播平台的全覆盖。各大平台官方账号的入驻不是简单的信息群发。“中国天气”编辑团队们始终紧扣渠道媒介特质，强化产品运营思维，根据用户需求、投放平台属性等进行媒体产品的策略性发布，从而实现差

* 本章由田曼执笔。

异化推送。多年深耕式的运作也吸引着越来越多的粉丝关注“中国天气”。据不完全统计，当前“中国天气”各主要平台粉丝数均达到百万量级，累计粉丝总数已突破 1350 万。经过不断的运营，“中国天气”自媒体矩阵已成为公众获取气象资讯、灾害现场、科普防御等气象知识的重要窗口。

“中国天气”MCN（多频道网络）机构的打造也是“中国天气”在融媒体时代运营的一次成功探索。MCN 机构是随着短视频平台的兴起而产生的，它本身就是一种运营模式。在知乎平台上，对 MCN 机构承担的功能进行了概述，包括寻找并对内容优质的短视频创作者进行包装，进一步提高视频质量；寻找平台进行推广以收获更高的流量，培养网络红人，实现商业变现。“中国天气”MCN 机构充分利用了气象系统国、省、市、县四级管理体系的优势，以 MCN 的模式将全国各地的气象主播资源进行整合、盘活，目前已有 26 个省（区、市）的 90 位气象主播统一在“中国天气”品牌之下入驻快手平台，面向网友提供日常式的天气服务；同时在“3・23”世界气象日、防灾减灾日等重要宣传推广活动中，各地主播一齐发声，形成矩阵式的宣传推广力量，开拓了气象服务的新阵地。

除了开展常态化的服务和宣传推广，自 2020 年开始，气象主播们也积极参与到助力脱贫攻坚、助力乡村振兴的直播带货工作中，践行着“中国天气”品牌的社会责任。依托品牌影响力及资源优势，主播们借助个人影响力，快速与网友建立信任，将日常带货直播固化为常态化助力乡村振兴工作，以视频直播、短视频宣传推广形式，结合节气 IP，通过“中国天气”品牌全网宣传推广，切实推介地方特色农副产品，助力乡村振兴。此外，“中国天气”MCN 机构还借鉴新媒体平台流量变现的玩法，积极拓展账号商业变现模式。目前，已基本建立起“中国天气”MCN 生态圈，实现了“引入达人—产出内容—平台运营—广告 / 电商推广”的完整链条。在快手官方发布的媒体 MCN 机构商业指数榜单中，“中国天气”MCN 机构连续多月跻身十强并通过一定的收益支撑公益事业，在新媒体平台逐渐扩大、提升“中国天气”MCN 机构的品牌价值。

媒体的运营是以获取更高关注度、收获更高效益为目的。在新媒体运营的过程中，“中国天气”为实现社会效益与经济效益的双赢，始终坚持业务与经营相结合，以扩大服务覆盖面为目标广拓宣推渠道，建立气象融媒体社会化传播矩阵。“中国天气”围绕品牌建设，建立起外部媒体传播矩阵，在气象媒体服务方面已经实现与106家媒体联动、共生。根据合作媒体的属性、特点，对每一款媒体产品进行宣传推广，解决了“酒香也怕巷子深”的难题。广泛的平台合作保障了融媒体气象服务产品的传播广度和深度，收获了超高流量。目前，单场天气事件全网最高传播量已突破15.6亿，助力“中国天气”品牌传播力、引导力、影响力、公信力进一步提升。

超高曝光量起到了服务大众、提升品牌影响力的成效。基于高质量、高流量，“中国天气”充分尊重版权时代媒体发展的规律，开展气象媒体产品知识产权的保护工作；维护“中国天气”官方发声的绝对权威，并开拓融媒体气象版权媒资产品销售体系，与百度、腾讯、支付宝等商业平台合作，拓展定制化版权合作用户，实现经济效益从无到有、从零到千万量级的重大突破。

此外，“中国天气”还不断创新，敢想敢干，积极尝试与商业品牌的各种运营实践。如与爱奇艺携手进行“冰块生存挑战赛”，通过视频直播火炉城市的冰块融化速度联合宣传推广热门网剧；与饿了么推出“猜答案免单”活动，以手绘谜面的方式巧妙地将节气、风力等气象知识蕴含其中，吸引了网友的广泛参与；以元宇宙、区块链概念实现数字科技赋能，分别联合百度、腾讯、阿里巴巴集团发布气象卫星数字藏品，并成功售罄，等等。以上创新实践既以网友喜闻乐见的方式开展了气象科普，又取得了一定的经济效益，成功反哺气象公益服务事业，为气象服务的高质量、可持续发展注入力量。

随着互联网技术的发展，媒体生态的持续变革，融媒体时代的媒体运营还会不断推陈出新，涌现出更新的手段和玩法。“中国天气”将不忘初心、勇立潮头、不断探索，坚持服务理念，广拓合作渠道，树强品牌，获取高效益。

第十七章
“中国天气”新媒体多端运营实践*

一、打造“中国天气”全媒体传播矩阵

随着“中国天气”媒体深度融合的推进，华风集团一直在谋篇布局、全面部署，推动解答媒体融合发展这“一项紧迫课题”。纵观2018年以来“中国天气”的媒体融合发展历程，在产品类型、生产流程、技术手段、发布渠道等多个方面都做出了很多有益尝试。在融合过程中，北京天译科技有限公司全面承担并运营了中国天气网、中国天气频道，以及“中国天气”各大新媒体平台官方账号，着力打造了包含“自有平台＋第三方平台”的“中国天气”全媒体传播体系，基本形成了矩阵传播的模式。

截至2022年12月，天译科技运营常态网站共2个（中国天气网、中国气象视频网），数字付费电视频道1个（中国天气频道），微博微信账号7个，新媒体官方账号30个，小程序14个。由于传播矩阵中的各个渠道存在不同的媒介特质，其连接的主要受众及受众媒介消费特征也存在较大的差异。在日常媒体服务生产发布业务实践中，“中国天气”根据用户需求、媒介平台特质，致力于充分挖掘内容资源，深入研究平台特质，从而不断提升内容推送的精准性、适用性和效率。

* 本章由陈萌、马黑阳、梁杰、朱茜、杨兴、陈曦、杨玫玫、白巍、陈默执笔。

（一）优化传播矩阵 各渠道内容优势互补

在日常矩阵传播运营中，树立协同意识，秉持量体裁衣式的渠道运营策略，在不同媒介渠道进行不同产品服务内容投送，最终形成差异互补。例如，以中国天气网（PC 及 WAP 站）为主的网站平台，主体媒体服务产品为图文形式。虽然受限于网站平台形式，产品用户互动性不强，但是由于紧扣天气热点，不断创新产品形式，强调第一时间第一发布的权威形象，紧抓各大重要天气过程及社会热点事件，适时发声，经过多年打磨，中国天气网已经逐步成为公众和媒体获取气象信息的首选媒体。

而“中国天气”微博、微信官方账号，作为早期进驻两微的气象官方代表性选手，在继续秉持内容的专业、严谨、权威性之外，结合两微平台优势，打造出个性化亲民形象，虽然也是以图文服务产品为主要传播内容，但形成了与中国天气网完全不同的传播生态。微博端巧妙利用简短图文信息形式，提前预判，主动创造热点，利用专业科普引导舆论。2022 年 5 月，针对广东网友质疑暴雨预报不准确这一事件，“中国天气”独家深度解读《广东的暴雨都下到哪里了？》，层层递进剖析，科普暴雨的预报难度，在关键时刻引导受众快速跟进信息走势，扭转舆情方向。微信端逐渐形成了以人格设定、风格化写作等为特征的气象官微人格化运营策略，以个性化、交流式的气象推送奠定了强烈的自我风格和发展运营方向。

（二）保障各渠道内容与受众的高效匹配

除了媒介差异带来的内容优势互补，对用户数据的深度分析、各大新媒体平台的大数据算法推送也深刻影响着“中国天气”传播矩阵的运营策略。目前，“中国天气”的第三方平台运营基本都是集中在抖音、快手、百度、腾讯等头部平台。为了贴合已经被平台细分到极致的用户群体，这些平台上投放的独家媒体服务产品形态更加多样，日常发布的内容以图文、短视频、网络直播为主。这些平台作为新媒体营销的主战场，形成了针对不同人群、不同热点、不同领域的全方位内容服务矩阵，利用差异化定位的账号，可以精准有效地覆盖各个用户群体。仅科普服务，就细分出了诸多角度和品类。针对未成年人群，研发《小牛顿气象台》，独特的问题角度让气象变得更奥妙；低幼龄的语言解读，让小小少年也能读懂气象。针对成年人群，结合热点，立足防灾减灾、生活服务，吸收数据动画、剧情演绎、人物 IP 等多种样态，做精科普内容。图文类，发挥可深度延展特质，减少纯文字表达，多做图形可视化，通过独家排行服务产品、《天气档案馆》第一人称自白体和原创手绘风形式，增强天气科普的趣味性。在百度、快手、微博，"中国天气"都有针对不同的侧重点进行定期推送，从而进一步做好内容与受众的高效匹配连接。

二、拥抱自媒体发展时代——传统网站的华丽转身

随着时代的发展，互联网这张无形的"网"正在逐渐渗透到各行各业当中。它的迭代更新带来了翻天覆地的变化，媒体也不例外。因时而变、因势而变。2016 年，中国天气网在变化的大环境中推动自我创新，紧跟时代潮流发展，尝试从传统网站向自媒体发展。这条转变之路曲折却充满了机遇，自媒体运营团队一步步探寻，摸索出一条气象领域自媒体发展道路，7 年来运营效果显著，服务触达人次连年提升，玩法不断创新，实现了一次华丽转身。

（一）开端：紧跟媒体发展趋势　多平台入驻打造全方位账号

互联网的普及与发展让受众从被动接受信息的角色转变为信息发布者与受众合二为一的身份。以媒体机构为中心的传播方式被彻底颠覆，去中心化的自媒体传播模式形成。在这个过程中，各大互联网公司扮演起平台的角色，以手机软件为载体，吸引受众前来观看。在平台上"表演"的可以是普通民众、明星、媒体机构，更可以是政府部门。

为适应变化，中国天气网从原有的传统网站逐步探索向自媒体发展，先后入驻了今日头条头条号、百度百家号、腾讯企鹅号等十余家自媒体平台。账号建立之后，发送什么、怎么发送是摆在面前的首要问题。

作为中国气象局面向社会和公众的气象服务门户网站，中国天气网以公益性为基础，秉承着"天气通讯社、百姓贴心人"的理念。自媒体的发展也是坚持正确价值导向，服务于社会民生，以传播天气资讯、助力防灾减灾为核心。

在内容上，“中国天气”7×24小时全方位追踪灾害天气，直击第一现场，科普防灾减灾知识，传递温暖正能量，以助力群众防灾减灾为核心；坚持“第一时间权威发声”，在诸多网友关切的社会热点话题和重大天气事件中，积极引导舆论，发声辟谣。同时，在互联网时代，受众接触到的信息形式是多元化的，“中国天气”自媒体账号集图文、视频、直播、图集等为一体，满足受众需求，提升账号竞争力。

（二）发展：效率与创新兼顾　效果获业界内外认可

经过7年努力，中国天气网目前已探索出一条气象领域自媒体发展的道路。通过技术接口，实现一键发布触达全平台，有效解决人力与时效的问题。针对不同平台，进行差异化运营，为头部自媒体平台提供首发精细化本地预报稿件、策划，独家供稿等服务。在受众热议话题上，发出权威声音，引领舆情。同时，创新运营玩法，不断进行新尝试，贴近受众，倾听受众声音。凭借扎实运营和持续创新，获得业界内外认可。

（三）一键发布全覆盖　平台差异化运营

在自媒体传播时代，各大互联网公司搭建起互不相连的“平台”。内容发布后如何将传播面最大化，如何高效、便捷、快速地同时运营多个账号成为难题。通过rss技术接口，中国天气网在自有编辑系统发布后，连通各个自媒体平台，在10分钟内就能完成自动发布内容，一键覆盖多个自媒体平台。中国天气网自媒体运营不断扩大自身影响力，最高峰时曾同时运营13家自媒体平台。

随着平台的发展与合作的深入，优质内容版权付费模式成为主流，优质内容差异化输出是运营的手段之一。其中，值得一提的是百度百家号。中国天气网为此设立了自媒体专岗进行运营，对接平台方的约稿需求，并且提供首发、独家等内容发布服务。每天，面向全国各大省（区、市）首发推送原创预报稿件，为各地公众提供精细化预报和贴心服务提示，得到了网友们的广泛认可。截至2022年，中国天气网百度百家号共推出原创气象图文稿件3.7万余篇，单篇最高阅读量超1600万，阅读量连年增长，年阅读量从5亿到超10亿，气象服务覆盖人群大幅提升。

（四）全方位追踪热点　气象科普引领舆情

"中国天气"自媒体运营团队还充当社会热点事件追踪者的角色，打破以往传统网站被动依赖天气过程为主的模式，调整采编流程，主动出击。关注受众热议话题，从气象角度进行科普解读。在热搜中，让受众也能看到气象自媒体的身影。

2020年11月，一则"秦岭以一己之力挡住冷空气"的消息在网上流传并引发质疑。自媒体运营在发现此热点后，迅速采访专家，1小时内在百度百家号首发独家辟谣文章，同时在头条号、企鹅号、大风号等多家主流自媒体平台上同步发布，抢占独家、权威发声立场。文章上线后引发热议，全网发酵超72小时，新华社、光明网等近30家媒体转载。文中专家解析内容被央视新闻、《人民日报》等公众号转发，中国青年报专门将话题拟为"'中国天气'科普秦岭挡住南下冷空气"，多家媒体就该话题进一步延伸采访中国气象局专家。经过这次热搜事件，运营团队拓展了视野，看到了关注社会热点事件的影响力，并将热点追踪固定成日常工作的一部分。

这个例子仅仅是热点追踪的一个缩影。目前，自媒体运营团队已形成了成熟的联动机制，在捕捉到热点后能迅速响应，进行报道。截至2022年，中国天气网紧密结合社会热点事件，主动推送群众关心的天气话题，共建立和主持原创百度话题700余个，其中110个原创话题登上百度热搜。

（五）运营"玩"出新花样　贴近受众获认可

在自媒体运营过程中，"中国天气"创新技术运用，尝试运营新玩法，让自媒体运营展现出新活力。

随着互联网技术的发展，仅以图文、视频为主的自媒体气象服务已不能满足受众需求。小程序的引进为自媒体运营开拓了新方向。在百度百家号、支付宝生活号，图文内容中会挂载预报小程序，受众使用小程序可以获得精准定位的天气预报、实况等气象交互信息。其中，百度百家号小程序还做了精细化分类，像在每年台风季时，台风路径小程序能为受众提供一键了解台风动向的服务。

为适应信息碎片化发展，满足受众快速阅读需求，百家号动态运营脱颖而出，发布精简、及时信息，与网友展开话题互动。

评论互动也是自媒体运营的一个重要环节。通过评论互动，可以增强粉丝黏性。中国天气网在百度百家号坚持人工手动回复粉丝评论，成为百度平台为数不多开展此业务的中央级政务机构账号。不少粉丝在评论留言中表示："第一次在自媒体平台见到'活'的小编""我发现你是百家号中最勤快的小编""冲这秒回，必须甩个一键三连"。受众的反馈也激励着自媒体运营团队持续创作并与受众进行互动，形成良性循环。

凭借着扎实运营和持续创新，中国天气网百度百家号荣获了多项大奖，在2018年、2019年百度百家号内容创作者盛典中，获得百家号"年度杰出影响力政务号"荣誉称号与最佳创新实践奖、"百家号政务先锋奖"，2020年获百家号四周年"最佳合作伙伴"，2021年荣膺万象年度最具价值项目《灵犀计划》奖；同时，获得2021年度最具影响力政务新媒体奖，得到业界的肯定。

（六）未来：机遇与挑战并存　学以致用迎难而上

未来，是机遇与挑战并存的时代。互联网技术、理念的不断革新将给予自媒体运营更多帮助，但同时也带来了更多考验。在图文、视频多元化发展的时代，只有不断学以致用，才可能真正实现全媒体覆盖，促进社会服务效益的提升。

中国天气网自媒体运营还会继续加强版权运营，不断提升资讯服务覆盖面和本地化程度，有针对性地加强优质自媒体平台运营，让运营更具效力。同时，紧跟各大平台的新技术发展，积极探寻自媒体运营新玩法，进一步促进中国天气网在自媒体平台上全媒体覆盖战略的实现，打造并巩固其专业性气象服务平台的引领地位。

三、微信公众号：连续破局深耕内容　转型"出圈"树立气象服务标杆

2012年8月，微信公众号平台正式上线。与微博碎片化信息传播不同，

微信公众号以长文章为核心，更有利于观点及有深度的内容输出。次年，中国天气网官方微信公众号也应运而生。9年来积极探索，作为气象系统最早进行人格化运营的团队，中国天气网微信公众号以独特的网络化科普风格带动了气象类公众号的集体转型。从粉丝数不足1000的小透明到如今粉丝超百万，甚至接连荣获中国科普界大奖，中国天气网微信公众号是如何完成这一华丽转身的？

（一）运营初期：人格化亮相　吸引高关注

与多数气象类公众号相似，中国天气网公众号在创立之初，也曾一味机械地发布公报式推送，并与网站内容高度同质化，运营不温不火。不过，随着微信公众号平台的发展趋于成熟以及不断借鉴学习其他“爆款”账号的运营规则和编排风格，2015年开始，中国天气网公众号运营团队尝试创新调整运营方向。从岗位设置上，设立微信公众号专岗运营人员，每日在固定时间发布推送，强化粉丝阅读习惯；同时，对行业内外头部账号定位、风格、功能等进行全方位分析，经过一系列尝试摸索，逐渐形成了具有人格设定、风格化写作等特征的，气象系统中最早进行人格化运营的团队。团队推出的一号员工“天妞儿”凭借充满魔性的表情包、风趣幽默的语言、多变的风格，迅速吸引了大批粉丝关注。“天妞儿幽默感拿捏到位，读起文章来有面对面的倾诉感”“天气预报花样还能这样多，每天不重样，天妞儿太棒了！”这样的评论充满评论区，“天妞儿”火了。

中国天气网公众号这一风格的转变，也成为全国气象类账号运营“标杆儿”式的存在，带动气象类公众号由以往“机械发公报”向“接地气服务”集体转变，以个性化、交流式的气象推送让用户眼前一亮。

（二）快速发展：内容创新持续输出　深受粉丝好评

在带动全国气象公众号风格集体转型后，各级气象公众号风格及内容逐渐趋于同质化。如何在竞争激烈又千篇一律的账号中脱颖而出？团队吐故纳新，在内容的可看度上下功夫，坚持内容原创性，巧用微信公众号独特的互动玩法，将原创漫画、趣味音视频、科普动画、数据可视化、SVG交互、小说体等多种创新形式融入内容；同时，挖掘更多风格迥异的天字辈小编加入到团队中来，让公众号内容风格更多元立体。

漫画也能融入气象服务做成天气推送。早在 2015 年，“中国天气”便开始尝试改编网络条漫梗，将重要天气信息揉进条漫故事线，让粉丝在漫画中轻松、快速地了解到天气变化信息。之后，逐渐形成“灵魂画手”系列原创漫画推送。运营团队以气象首席胡啸及天字辈小编为原型，以简单线条式的原创人物四格漫画或条漫为呈现形式，解读科普气象知识，内容风趣幽默，深受粉丝好评和喜爱。

创新尝试开放性选题，激发粉丝深度参与创作。在选题上不拘一格，针对粉丝的精细化气象服务需求，尝试开放性选题互动。粉丝可以在评论区脑洞大开，提出期待的选题角度，经过评论区投票成为新的选题。以粉丝脑洞为蓝本推出的《论人工消灭连阴雨的三种方法》《台风命不命名为啥是日本说了算》等文章吸引大量粉丝互动，中国天气网微信公众号也成为不少粉丝“睡前必读公众号”。

故事化写作让气象推送有了新方向。利用微信更适合专注式阅读这一特性，运营团队还对故事化写作这一全新的内容风格进行了尝试。如《天要放晴了》当中，将 3 月回暖时节的冷空气拟人化，描绘成不撞南墙不回头的倔强少年“阿冷”；将冷空气的南下影响过程比作少年明知失败却仍竭尽全力，辅以音乐的配合，充满悲壮的史诗感。从此，冷空气有了独特的“阿冷”人格，至今仍有不少人对其念念不忘，并在评论区呼唤“阿冷”。

（三）服务升级：精细化服务融入产品运营　做最好用的气象号

进入融媒体时代后，受众对场景化、精细化、智能化的气象服务产品需求日益增多。为此，中国天气网公众号运营团队也深度研究了微信平台产品特性，与技术团队合作，陆续上线 20 余款精细化气象服务产品，在公众号菜单栏中建立全国气象类账号中最丰富的独家产品库，其中包括不少只针对微信用户的定制化产品，真正做到了“一号在手，好玩的文章、实用的功能全部拥有”。

全国气温及降水实时排行榜、7 天预报、15 天预报等产品为粉丝提供了专业气象服务，涵盖目前所有主流预报服务品类，成为使用频率最高的气象服务产品；台风路径查询、全国入季实时查询等基于定位的系列精细化互动产品，让粉丝随时随地能获取本地化的精细气象服务；《蚊子预报》《秋裤预警》等生活服务类产品更是服务生活方方面面，为公众提供更细致、更贴心的“气象+”生活服务。

（四）突破瓶颈期：做有观点有力量的气象公众号

随着短视频平台异军突起，公众开始更偏向于短、平、快的信息接收方式，中国天气网微信公众号日复一日的推文形式也遇到了发展瓶颈，公众号长文章的阅读量出现明显下滑。面对建号以来最大的发展困境，运营团队多次进行头脑风暴，找寻破局思路，最终决定结合自身优势，扬长避短，结合微信长文章独特的深度和严谨性，打造适合微信公众号平台的强观点性栏目，传递“中国天气”品牌力量。

2021年开始，“中国天气”创新推出《首席不胡说》和《小岛消息》两个全新栏目。前者以气象分析师专业视角，在重大天气过程、社会关注热点中积极发声，解读事件；后者则从受众视角出发，关注天气气候相关的坊间传闻、小道消息，回应热点谣言，深扒其背后真相。如2021年冬季遭遇双重拉尼娜年，各大平台自媒体盛传“2008年雨雪冰冻灾害今冬将再次上演”。针对谣言，“中国天气”及时向公众推出科普文章《今冬拉尼娜发生已成定局　我们会被冻哭吗？》。该文一经上线迅速获得社会主流媒体关注，并在微信平台引发广泛传播，超100个视频号和公众号跟进报道相关内容，成功平息了舆情焦虑。

凭借扎实运营和持续创新，中国天气网公众号内容得到公众、社会和官方机构的高度认可。2018年初，在中国互联网基金会主办的全国“两微一端”百佳评选中，中国天气公众号从数百万账号中脱颖而出，获“微信创新力十佳账号”；2019年获评中国科协、新华网主办的“典赞·2019科普中国”十大科普自媒体，这也是气象类公众号首次获此殊荣。2022年为中国天气网微信公众号上线10周年，作为微信十大优秀账号之一，中国天气网公众号还获邀接受微信官方10周年特别策划栏目“微信公众平台10周年随访录”采访，向全平台账号分享公众号运营经验。

2023 年，中国天气网微信公众号将迎来建号 10 周年。在如今这个媒介藩篱被打通的融媒体新环境下，中国天气网微信公众号将面临更多的挑战。十年磨一剑，大器仍未成，中国天气网微信公众号将向着星辰与大海继续出发！

四、“中国天气”官微：精准把握公众口味　解锁气象话题流量密码

随着互联网的发展，依托于电视节目、纸媒等传统媒介“一本正经”的气象服务，气象媒体无法完全满足网友的多样化需求。微博内容短平快、表达形式多样、互动性强，已成为新时代背景下气象服务的必然选择。中国天气网官方微博“@ 中国天气”以网友需求为导向，基于更快速、更有趣的运营理念，创新打造人格化运营风格及互动话题运营模式，在众多政务账号中搏出一番天地，先后斩获“典赞・科普中国”十大科普自媒体、“百项网络正能量榜样”等行业内外大奖 10 余项，成为公众获取气象服务的首选平台之一。

（一）从无到有：“狼性”运营在同质化账号中搏出一番天地

2009 年 11 月 3 日 22 时 38 分，“@ 中国天气”小心翼翼发出了第一声问候：“北京要回暖了！”。彼时微博刚刚兴起，各地气象官微在公众定位、推送内容、运营策略等方面均趋于同质化。初来乍到的前几年，“@ 中国天气”只是一个“小透明”。到底发什么内容才能吸引网友？天气服务不止是今天下雨、明天降温，天气过程影响着生活的方方面面：高温与蔬菜价格、气候变暖与葡萄口感、多大的降雪能堆雪人……运营团队开始研究微博平台运营规律和网友“口味”，把晦涩、枯燥的气象信息“翻译”成适合在微博平台上传播的网络化内容，加大曝光度。

更快更会追热点，用“有料”吸引粉丝。运营团队全年无休、24 小时全天在线，有热点的地方就有他们的身影，网友需要的时候一定会出现，他们用有料的内容和团队的拼劲积累了一批原始忠粉。2019 年，超强台风“利奇马”强势来袭。从台风生成到登陆，运营团队连续一周滚动发布微博追踪台风定位，通宵熬夜蹲守，不仅成为台风登陆消息的首发媒体，而且将“首个台风红

色预警”“山东全省 55 个暴雨红色预警生效中”等预警信息精准传递给受台风影响的亿万网友。2022 年 3 月 11 日傍晚，北京天空出现神秘光环，引发网友热议。在事件尚未发酵时，运营团队已“闪现”到电脑旁，首发独家辟谣内容《别猜了，应该就是鸟巢灯光打到云上了》。文章一经发布，迅速被各家权威媒体引用作为官方回应，在凤凰新闻、腾讯新闻、百度等各大媒体客户端、视频平台霸屏，提前遏制了谣言和负面舆情的出现和扩散。

互动形式更多元，用“有趣”留住粉丝。运营团队针对微博粉丝“泛青年化”特点，去做定制化的内容策划，着重深挖粉丝需求，激发情绪共鸣。2018 年 1 月，我国中东部地区多地持续“贫雪”，网友对雪期盼许久。首轮大范围暴雪即将来临前，运营团队敏锐洞察网友求雪心理，发布微博文章“全国都在下雪，就我家没下？”；巧妙设计“转发求雪”“评论区签到”“转发即有可能

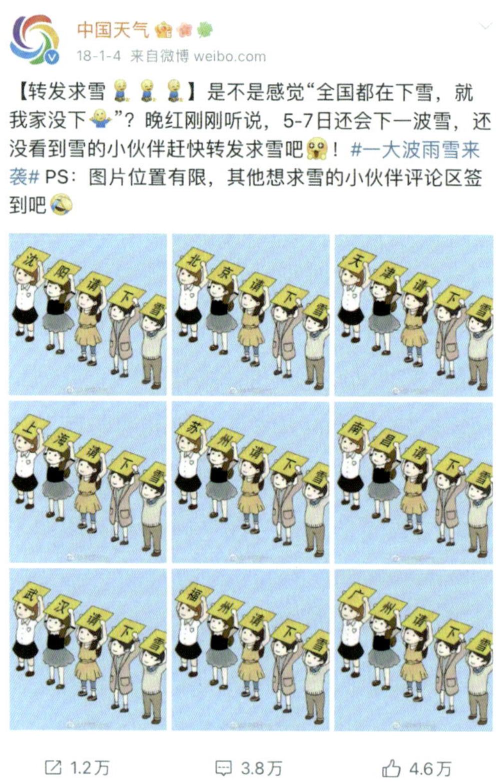

“@ 中国天气”发起转发求雪互动微博

得到定制版求雪图”等互动形式，戳中网友“痛点”，吸引近 10 万人次参与求雪。

风格更有辨识度，用“人格”黏住粉丝。起初，“@ 中国天气”风格并不突出，为了能够在高度同质化的气象账号中独树一帜，让更多网友在有天气需求时，第一时间想到去访问“@ 中国天气”获取有料、有趣的气象信息，运营团队打造的“天气晚红”这一官微形象便诞生了。

确定“天气晚红”形象后最初的 2 ～ 3 年，微博运营团队坚持每天打卡，不间断地向网友输出强化对这一形象的认知：在“红”这条道路上一直努力着，并以大器“晚”成来激励自己去更加努力地追天气，上热搜。最终，这种专业、执着、风趣幽默的形象收到粉丝的正向反馈和认可。“晚红”背后的运营小编换了一代代，但他们的初心依旧在——“我想红，只是为了让你在需要时能看到我”。

（二）从有到精：掌握流量密码　打造优质话题频频破圈

微博平台互动性强，但信息却严重碎片化，这就使得将优质内容和网友关注点汇集到一个池子里的“话题”尤为重要。经过前期运营的经验积累，运营团队意识到利用“话题”精准发声比“多拳出击”更有力。为了激活主场意识，让网友将被动接收转变为主动参与，团队开始加大力度创作和运营优质话题，以天气为纽带，连接社会文化、大众情感、热点话题，带动“中国天气”品牌出圈。

探索话题规律，优质话题频登热搜榜。起初，微博话题并不被政务类官微重视，关注者寥寥，话题阅读量几乎都在几十万甚至几万徘徊，“@ 中国天气”也是其中一份子。2018 年，中国天气网原创内容“全国高温榜出炉”意外爆火，在微博热搜榜热度持续 10 余个小时，引发现象级热议。运营团队第一次尝到了“红”的滋味。

通过数年的打磨，“@ 中国天气”优质原创话题呈“井喷式”出现。目前“@ 中国天气”原创主持话题总阅读量超过 150 亿，原创话题或内容登上微博热搜超百次。下雪了，话题“你家离雪花还有多远”激发了网友加入盼雪、晒雪的狂欢热情；南方连续 3 个月遭遇阴雨寡照，网友叫苦不迭，话题“南方比

“@中国天气”原创话题“日环食直播”登顶热搜第一位

惨大赛”给了他们释放负面情绪的出口；初春时节，华南人都会被湿漉漉的“回南天”困扰，网友自发参与到“被回南天支配的恐惧”互动话题中来，灵魂吐槽“回南天”有多可怕。

创新互动玩法，系列化话题频频出圈。运营团队不仅仅满足于通过热搜话题获取“流量”，还深耕玩法，丰富话题运营方式，创新式打造系列化话题，比如“一张图证明你家温度有多低”“北京初雪摄影大赛”等系列化话题，引发全民关注与互动，借助内容撬动破圈创新。

在2020年现象级事件“超级日环食”中，“日环食直播活动”创造了独家内容产品+互动活动运营模式，为公众全面展示了这次21世纪以来最大的金边日环食，原创话题总阅读量超10亿。其中话题“日环食直播”登顶热搜第一位，互动活动“日环食涂鸦大赛”成功出圈，吸引超10万网友参与创意涂鸦，参赛用户遍布微博各大领域。

（三）从精到盈：初步探索营销模式　实现品牌共赢

目前，“@中国天气”的品牌形象和社会影响力逐年提升，吸引了很多商业品牌的关注。2020年开始，运营团队初步尝试市场运营模式，策划了一系列具有高话题度的跨界营销活动。

活动营销：携手爱奇艺实现科普与宣传推广双赢。2020年夏天，“中国天气”品牌将自身的趣味科普能力与爱奇艺的消暑热播剧结合，以“冰块生存挑战赛”为主题，首次尝试线上与线下活动结合的事件营销方式。在微博端，运营团队充分预热，持续点燃微博热度，原创话题“冰块生存挑战赛”阅读量超

2000万，吸引了1.6万网友参与互动。

内容营销：联手饿了么跨界出题。2022年，饿了么发起“全网出圈”营销活动“饿了么免单1分钟”，“@中国天气”作为第一位“饿了么免单智囊团”专家，推出了气象专业版谜题。专业缜密的问题设置广受网友好评，互动热烈。网友们纷纷表示“免单以来出最好的题”“题太有文化了”“知识点不错，以后多出这样的题”。

随着融媒体时代的到来，信息技术及传播媒介仍在不断更新变革，新媒体运营面临着机遇及挑战。未来，“@中国天气”将不断探索钻研，积极寻找更加科学有效的创新策略，深耕气象服务和微博玩法，用最专业的气象服务，打造传播力、服务力、互动力、认同度全面发展的政务新媒体账号。

五、如何玩转“快手”？——气象类短视频账号运营创新实例

2016年起，我国短视频行业进入快速发展期，各类短视频平台如雨后春笋般涌现，短视频正在经历流量暴涨的时期。而在这一场大浪淘沙的过程中，快手和抖音通过个性化推荐的技术算法，实现了用户数量的有效增长，经营状况可观，成为短视频行业的头部梯队平台。中国天气网作为快手的密切合作伙伴，通过创新运营促成了与快手融媒体的合作。本节以快手为研究对象，重点对气象类短视频账号如何玩转流量平台进行分析。

（一）快手短视频平台生态特征

1. 快手平台App属性分析

快手的前身是一款制作、分享GIF图片的手机软件。2012年，它从纯粹的工具类应用转型为短视频社区，成为用户记录和分享生产、生活的平台。快手这一品牌主张“拥抱每一种生活”，给每一个普通人以平等的机会来展示生活，通过推荐让网络社区里更多的人被观察被看到，由此培养出黏度相对较高的用户群体。截至2022年第二季度，快手应用的平均日活跃用户已达3.47亿。

2. 快手平台用户分析

受众是传播活动的主要接受者，想要有效地把内容推荐给用户，需要有明确的用户画像。数据显示，注册使用快手平台的男性用户占总用户人数的55.8%，女性用户为44.2%，整体男性略多于女性；年龄层分布上，平台用户以31岁以上人群为主，31～35岁用户最多，占总用户人数的29.6%，41岁及以上用户占比最小，只有6.6%；城市分布上，一线城市的用户占比最小，而三、四、五线城市用户占总用户人数的63.9%（AppGrowing，2022）。由此可见，快手的目标用户群主要下沉到了“小镇青年”。

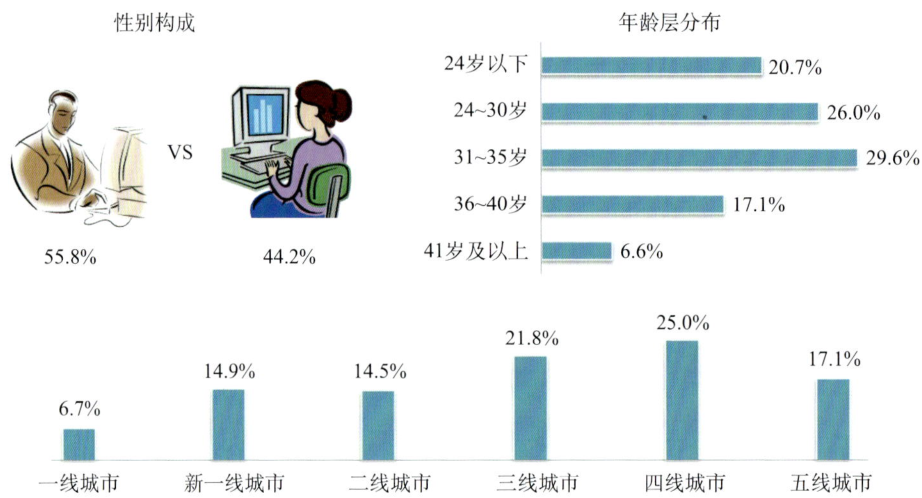

快手平台用户画像

3. 快手平台运营模式分析

快手的传播模式具有“去中心化”的特征。在早期的产品运营上，与许多短视频平台聚焦明星、头部红人导流的方式不同，快手以用户生成内容（UGC）作为内容主体，呈现出“重内容轻达人”的运营逻辑，让每个普通用户都可以成为传播的中心。不过，随着市场的扩张，现在快手也加大了对优质内容生产的扶持，形成了UGC与专业生成内容（PGC）双重生态发展的运营策略。

在内容分发上，尽管快手也是依靠智能算法，对视频和用户进行标签匹配，从而调控流量分发。但不同于抖音视频数据反馈好就会被推荐至更大流量池的“强内容”属性，快手在视频发布初期，热度权重“择优去劣”，而发布一定时间后会“择新去旧”，热度高的视频也会随着时间逐渐降低曝光量。这样的推荐方式体现了快手追求公平的算法，让更多人获得曝光的机会，将流量向普通人倾斜，这也体现了快手的“强社区”属性。

（二）中国天气网快手号运营概况

早在 2018 年，习近平总书记就在全国宣传思想工作会议上提出：“要推动融合发展，主动借助新媒体传播优势。”“要适应分众化、差异化传播趋势，加快构建舆论引导新格局。”截至 2022 年 6 月，我国短视频用户已达 9.62 亿，占网民整体的 91.5%。在短视频平台运营官方账号，主动利用短视频平台接地气的优势，拉近与用户的距离，充分发挥中国天气网作为中国气象局公众气象服务窗口的作用，已成为中国天气网融媒体发展过程中的必然趋势。

1. 中国天气网的快手之旅

2018 年 5 月，“中国天气”政务号正式入驻快手平台，为用户提供灾害预警、分众气象服务、专家解读、天气现场、生活科普等多类型原创短视频内容，以及气象灾害、网红自然景观、重大热点活动等直播服务。截至 2022 年 11 月，已积累粉丝数 180.5 万，作品获赞量达 4506.7 万。

同时，为加快台网融合，2020 年 7 月，“中国天气”旗下数字电视频道——中国天气频道媒体号也入驻快手，为用户提供中国天气频道 24 小时电视直播流，以及天气预报和实况类短视频。截至目前，该平台也已累积粉丝 29.6 万，作品获赞量 100.2 万。

2. 中国天气网快手平台用户分析

整合中国天气网在快手平台上两个账号的粉丝数据分析得出，中国天气网用户的画像特征和快手平台用户的平均画像存在一定差异。其一在于性别构成，中国天气网的男性粉丝数量占到了绝大多数，两个账号中男性用户占总用户的比例均超过 70%；其二在于年龄分布，中国天气网的粉丝以中老年居多，41 岁以上粉丝比例超过一半。除此之外，中国天气网的粉丝兴趣分布以生活和“三农”相关的内容居多。由上述数据可以大致推断，中老年农村男性群体在日常生活中更关注天气对于生产、生活的影响，是中国天气网重点运营的人群对象。

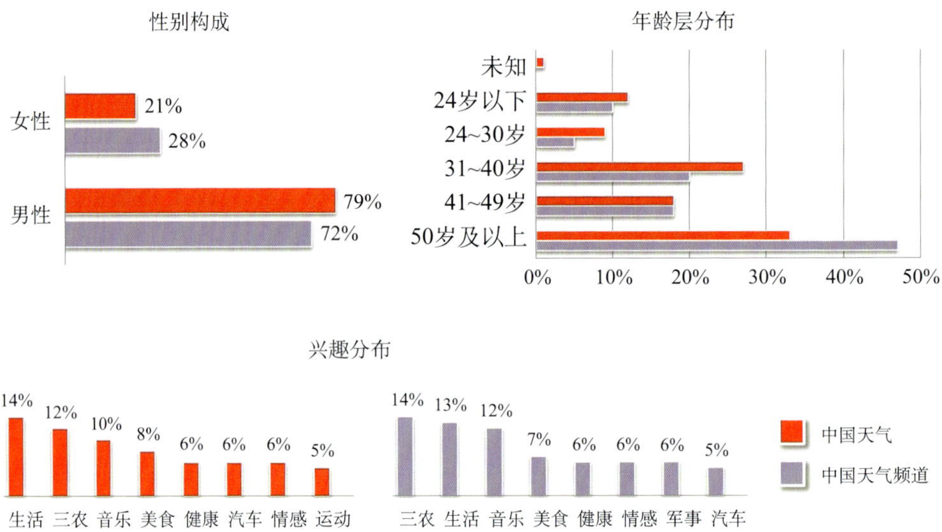

“中国天气”与中国天气频道快手号粉丝画像

3.“中国天气”快手号运营策略

“中国天气”的品牌定位是“天气通讯社、百姓贴心人”，关注热点天气事件发生和发展，对重大气象灾害事件及时发声，提供权威、精细、准确的气象服务，是中国天气网进行产品运营的主要策略，也是提升品牌影响力的重要依据。

六、短视频运营成功案例

（一）持续开展舆论　引导硬核科普服务公众

作为中国气象局新闻发布会的官方发布出口，中国天气网注重做好直播内容的二次加工，对新闻发布会重要内容进行拆条，适配快手平台特色，形成竖屏、简短的短视频进行传播；持续对公众关切的极端天气、气候预测、“三农”

气象等问题进行及时解读，发布多个观看量超 500 万的爆款视频，获得良好反馈。其中，2020 年专家解读的《今冬气温正常到偏低　气候预测难度大》快手单平台观看量近 1000 万，获赞 43.7 万。

《中国气象局新闻发布会》拆条视频

（二）创新气象服务形式　及时细致回应网友诉求

为更好地满足网友需求，中国天气网研发《首席有话说》短视频，针对重要天气过程、重大气象灾害提供权威专家解读。视频摒弃晦涩难懂的气象专

《首席有话说》视频截图

业语言，用接地气的表达诠释天气变化，系列短视频在快手平台总观看量超3000万。2021年7月河南遭遇罕见暴雨，《首席有话说》推出《这三个原因！让河南暴雨下这么大！！》短视频，全面解读暴雨成因，预测暴雨发展，观看量达到562万，收获点赞13万。

（三）深挖气象大数据潜能　用服务“加法”换传播“乘法”

深度挖掘海量气象数据资源价值，结合不同应用场景，中国天气网研发《天气地图》《天气杯赛》《节气气象馆》《节气冷知识》等多类短视频，为受众提供特色气象服务，在快手平台上服务人群已超过7471万人次。其中，2022年夏季，我国南方遭遇持续性极端高温天气，8月下旬，冷空气来袭，南方高温终于缓解。中国天气网在重大天气转折之际，推出《高温灭灯地图》，单条视频快手播放量达659.5万，转评赞超11.5万。

针对2022年南方罕见极端高温推出《高温灭灯地图》，快手单播放量659.5万，转评赞超11.5万

2022 年中秋推出《中秋赏月天气地图》短视频，观看量超 207 万，转评赞超 3.5 万，登上快手实时热榜第一位

2022 年高考前夕推出《高考备考天气指南》短视频，被快手热点推荐

（四）精准描绘用户需求 细分赛道为服务赋能

中国天气网在日常服务中，注重下沉垂类市场，结合人群分类，细分用户诉求，创新多类型短视频，在快手平台上服务人群规模超 1.1 亿。2022 年，专为家有 6 岁以下儿童的父母定制推出《超人妈妈报天气》，填补婴幼儿出行气象服务赛道的空白。为 7～12 岁学龄儿童开发《小牛顿气象台》，用小朋友们听得懂的方式，揭示脑洞大开的天气气候科普知识。《黑坑天气》瞄准垂钓爱好者群体，每周两次为钓友提供垂钓临近天气预报和中期天气趋势服务，视频观看人数已超 1 亿人次。

（五）实现视频自动化生产 满足更广泛人群需求

为保持账号活跃度，提升视频产量，中国天气网先后研发《城市风云榜》《预警日报》等多款自动化视频，利用编程语言对气象数据进行自动化筛选和成序列输出，通过图形自动化模板实现视频流水线生成提升服务便捷度；服务人群 2 亿 7 千万，并多次登上快手热榜、热点推荐。

遛娃天气预报《超人妈妈报天气》

垂钓气象服务《黑坑天气》

学龄儿童科普短视频《小牛顿气象台》

自动化视频被快手平台热点推荐

七、直播运营成功案例

（一）直击灾害第一现场　全景报道引发最强关注

2021年以来，中国天气网在快手平台开展灾害直播30多场，总观看量5459万，多次登上快手热榜首位。2021年2月，两次沙尘天气过程直播，场均观看人次均超 900 万。2022 年，最强台风“梅花”在我国登陆，“中国天气”全景式不间断直播台风影响达 46 小时，迅速登上快手热搜榜首位。

《追风逐雨》灾害直播截图

（二）打造网红景观直播　特色服务引发网友狂欢

自 2020 年起，中国天气网倾力开发日环食、赏红叶特色天文、自然景观类直播，在快手平台上观看量超 1227 万。景观类直播效果常受天气要素影响，“中国天气”分析师团队潜心分析专项气象预报，为直播效果保障提供数据依据，获得网友广泛认可。2020 年 12 月 3 日，“中国天气”分析师团队凭借精准研判天气形势，选择日落时分开启黄山云海景观直播，为网友完美提供了一场精美绝伦的日落云海。

《人在旅途》网红景观直播截图

（三）探索转型商业变现模式

打造特色节气助农服务，形成“3+3 模式”创新运营，紧扣农产品品质与天气、气候强关联。2020 年 9 月起，“中国天气”在快手平台开启“风调雨顺、节气助农”二十四节气助农专场直播，打造“直播 + 短视频 +IP”“平台 + 专业 + 市场”的“3+3 模式”。截至 2022 年，中国天气网策划直播超过 49 场，邀请公职人员、各领域大 V 等 120 多位各界人士参与直播连线，共同助农。助农直播触达人群超过千万人次，单场引导直播消费金额 200 多万。同时，中国天气网还设计制作了全国优质农产品推荐地图 34 张，推荐全国优秀农产品超过 340 种，直播相关话题阅读量也超过 2 亿。

二十四节气助农专场直播探索商业变现模式

（四）打造“中国天气”MCN 矩阵

践行“百姓贴心人”使命，近百位气象主播在线服务。“中国天气”快手号集纳了全国各地近百位天气主播，制作属地化的天气预报预警服务内容。2021 年汛期，发布预警预报信息条数 1555 条，总播放量 1.36 亿，并实现针对区域用户进行定向推送，精准投放，切实服务群众各类生产生活需求。同时，推出早间服务类节目《快说天气》，每天早间以挂件直播的方式，各地气象主播同时完成共 4 路在线的天气直播服务。针对当日以及未来几天重点天气、预

“中国天气”气象主播 MCN 矩阵

警预报信息、交通出行天气、气象为农服务进行解读分析，为网友提供一对一的交互式气象服务。平均每场直播观看人数在 20 万左右，最高观看人数超过 40 万。

（五）总结

在人人皆是自媒体的时代，强现场已不是官方媒体的垄断资源。如何在信息爆炸的当下突出重围、做好特色服务是“中国天气”的不二法门。然而，有好的产品也需有好的渠道才能将传播的能效发挥到最大。在媒体融合发展的浪潮之下，研究平台运营规则，加强内容策划，提升内容发布数量和质量，获取更高的产品曝光度，是媒体机构拥抱新浪潮的必然选择。

八、“中国天气”百家号平台运营创新——浅析“中国天气”视频直播内容在百家号的运营创新

2012—2014 年，随着自媒体的发展壮大，各个平台纷纷涉及其中。到了 2015 年，直播、短视频等形式成为了自媒体内容的新热点。百度作为首屈一指的互联网头部企业，也于 2016 年开始涉足自媒体领域，为创作者打造的内容创作发布平台——百家号应运而生。

“中国天气”百家号，作为中国气象局公众服务门户网站中国天气网的官方服务账号，是集图文、视频、直播、图集等为一体的中央级政务机构账号，以多形式多角度覆盖天气内容和气象热点，吸引了近 259 万粉丝的关注。

为了更好地服务于百家号的用户粉丝，本节将浅析探讨基于百家号平台，让“中国天气”和百家号视频更好地融合，打造不一样的天气内容。

（一）百家号特点及“中国天气”百家号运营概况

1. 百家号属性及特点分析

百家号是一个全品类覆盖的内容创作发布平台，从图文、视频到直播、动态等，旨在为创作者们提供更大的发挥空间。该平台诞生的初衷是为创作者打造集创作、发布、变现于一体的内容创作平台，也是众多企业实现营销转化的运营新阵地。目前，百家号已经吸引了超500万创作者入驻，月均活跃用户数量已经超过了2000万。其发布的内容会通过百度信息流、百度搜索等分发渠道影响亿万用户。

依托于百度强大的搜索机制，百家号与现在最为流行的算法推荐机制有所区别，它是搜索+信息流作用下的双推荐，是根据用户和粉丝的搜索及热点信息作为底层推荐机制来运行的。如果内容优质的话，随着用户的搜索，阅读量就会持续增长。

正是由于创作内容可涵盖各个方面、形式全面，并且推荐机制有所不同，百家号的整体作品创作风格才与其他形式单一化的平台存在较大差异。因此，在制作视频时，要兼顾视频（横屏）和小视频（竖屏）内容的划分以及对整合过程中的定位和思考。

2. “中国天气”百家号视频内容运营概况

作为百家号的优质合作伙伴，截至2022年11月14日，“中国天气”百家号累计阅读量达到了81.16亿，总点赞量达到了350万。

（1）视频运营基本情况

在视频方面，2017年开始，“中国天气”就以中国天气网为主体开始整体运营。直至2019年初，视频运营才开始变得有规律性，但那时主要以各类电视天气预报节目的发布为主，另外拆解由中国天气频道播出过的部分栏目进行发布。期间，“中国天气”也一直在探索各类产品，甄别用户喜闻乐见的内容，逐渐形成有“中国天气”特色的视频内容进行发布运营。

（2）百家号用户粉丝分析

从“中国天气”百家号用户画像特征可以看到，“中国天气”百家号粉丝主要以中年人为主，集中在 35～44 岁，占到了总粉丝量的 30.1%；另外，粉丝中男性人数多，比例达到了 65%。粉丝的职业主要集中在教育、住宿旅游和医药卫生等领域，教育水平主要为高中以下学历，主要关注的内容多在影音娱乐、资讯和医疗健康等方面。由上述数据可以大致看出，“中国天气”百家号粉丝构成以高中学历的中年男性为主，希望看到资讯、健康方面的内容，想要了解天气资讯。

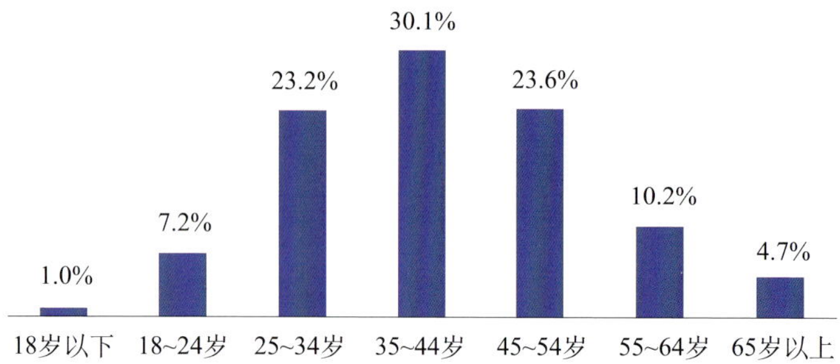

百家号粉丝年龄分布图

（3）“中国天气”百家号定位

以“中国天气”品牌定位“天气通讯社、百姓贴心人”和百家号全新品牌主张“每天都有新发现”为依托，“中国天气”百家号积极跟随品牌定位，推陈出新，加大内容创新及运营，尤其在科普、数据可视化、精准服务方面加大力度，成为网友“探索的眼睛”。

3. 贴合百家号特点，横竖屏视频直播内容全面开花

针对百家号的内容形式全面多样性的特点，在视频方面，运营团队从长短视频、横竖形式、内容情况等方面着手，细分内容制作和展现形式，全方位推广天气资讯、预警预报、天气热点、科普解答等内容，让粉丝能够全方位跟踪天气变化，了解天气资讯，掌握天气动态，学习气象知识。

（二）“中国天气”百家号横屏视频（视频内容）创新推广

1. 整合适应长视频内容，贴合需求发布推广

百家号的视频内容以横屏长视频内容为主要推荐方向，所以我们针对内容

超过 1 分钟，适合横向观看的视频制作横版视频进行发布。主要内容包含：天气预现场、天气预报、科普知识和数据新闻等类别，吸引了粉丝及用户的关注，观看量持续在 35 万～80 万。其中，《中国天气预报》《首席有话说》《节气气象馆》《四季小厨》《小牛顿气象馆》《谚语研究所》等内容受到关注，并得到了较好的反馈。

《节气气象馆》

《四季小厨》

2. 符合推广规律，"C 位直达"

搜索推广是百家号的特点之一，百家号与百度搜索联手推出的"C 位直达"更是个中翘楚。基于百度强大的搜索功能和亿万级流量池，内容"一搜直通"，强调了精品内容的快速推广，实现了品牌运营的提升。在 2022 年初北京冬奥会期间，《冬奥气象 100 问》与百家号"C 位直达"合作，进行了全方位的推广。

3. "中国天气"百家号竖屏视频（小视频内容）创新推广

在 4G（第四代移动通讯技术）时代下，手机端用户突飞猛进，虽然与百度搜索及用户习惯最为适配的是横屏内容，但是为了更加适应目前手机用户观看及拍摄习惯，百家号整合全民小视频，迭代为"度小视"，同步百家号小视频内容，吸引了更多创作者和用户粉丝。"中国天气"初期在全民取得较好成绩后，也紧跟百家号的变更，确认用户属性和观看习惯，继续创作优质短视频进行推广。《气象周报》《节气冷知识》《风云古谈》《天晴小剧场》《超人妈妈报天气》等栏目也相继上线，取得了较好的点击量。

百家号“C 位直达”

《气象周报》

《天晴小剧场》

4.“中国天气”百家号直播内容异彩纷呈

在长短视频内容皆有涉猎的基础下，我们根据用户的需求和粉丝的喜好，全面开展了各类直播内容，包括“中国气象局月度新闻发布会”“天气现场类”直播、“景观类”直播等都受到了广泛的关注。

（1）权威发布，备受瞩目

“中国天气”准时在百家号上直播的每月“中国气象局月度新闻发布会”，于第一时间给关心天气气候变化、关注气象新闻的网友带来最为权威的发布，受到了粉丝和网友的大力关注。

（2）天气追踪，现场报道

2021年以来，“中国天气”开展灾害直播30多场，总观看量2200万，多次登上百度热搜首位。2022年最强台风“梅花”影响我国，“中国天气”全景式不间断直播台风影响达46小时，迅速登上百度热搜榜首位，并被人民网、《人民日报》等多家权威媒体转载。

新闻发布会直播

（3）美景共赏，天气解答

2020年起，“中国天气”以自然景观、天文奇观等为主题开启直播27场，观看量超667万。户外直播，尤其是天文现象直播，受到天气因素影响较大，每次直播策划启动前，“中国天气”气象分析师会精准分析全国各地天气，结合天气特点和景观观赏特性，优选最佳直播点，确保直播顺利进行，全面展示

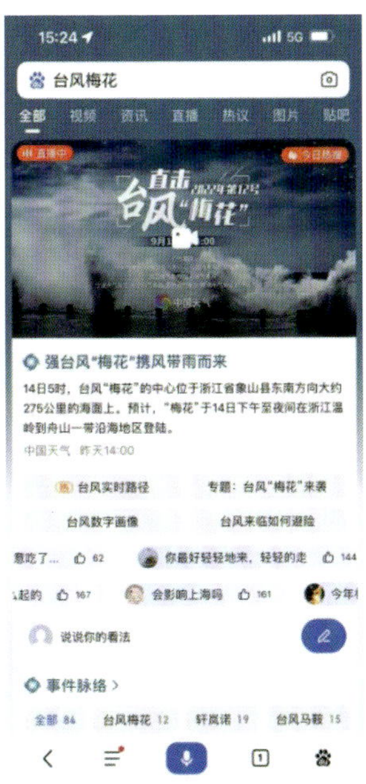

台风“梅花”直播

台风“梅花”直播热搜

自然景观、天文现象美景。2021年5月26日,“中国天气”结合全国天气情况，与厦门市气象局服务中心合作，和中国科学院国家天文台研究员郑永春博士一起给网友带来了一场集天文观赏、知识解读、问答互动于一体的精彩直播。此次直播在百家号平台获得良好传播效果，吸引了大批新粉丝。

沙尘直播热搜

沙尘直播推广

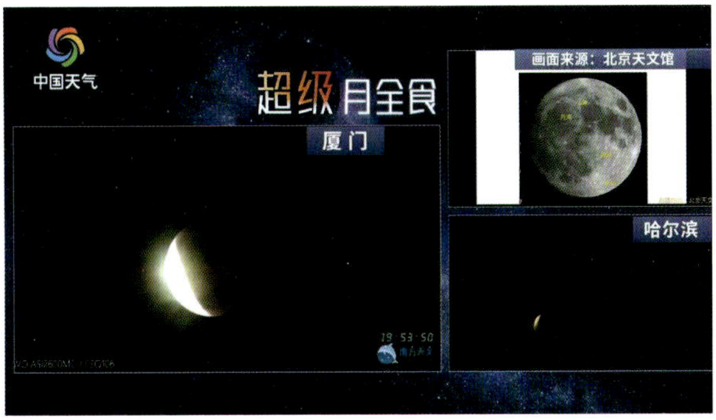

景观直播之超级月全食直播

（三）贴合百家号品牌主张，做好“探索的眼睛”

自 2021 年 10 月 18 日起，百家号推出全新品牌主张——每天都有新发现，做网民“探索的眼睛”。品牌鼓励每一位创作者，不断去发现新的知识、新的视角、新的信息、新的生活方式，拓宽生活的边界，获得成就和幸福。“中国天气”也及时调整运营方向，加大科普内容展现，提供知识信息。

1. 主账号继续深耕科普内容，做听得懂看得见的天气知识

在“中国天气”主账号上，我们通过短视频以及直播的形式，继续开展科普、问答活动，从《首席有话说》剖析天气过程背后的原因，到《快问快答》第一时间专家解疑答惑；从《节气气象馆》解答节气背后的气候知识，到《谚语研究所》揭秘谚语背后的气象内涵，都为广大网友提供了“发现新知识、新视角”的渠道和内容。

《首席有话说》

《谚语研究所》

2. MCN 开设科普账号，了姐带你一起涨知识

为了更好地配合百家号的品牌主张，2021 年 11 月，“中国天气”专门开设了科普类账号“了姐涨知识”。气象分析师了姐（周颖）紧盯热搜榜，解析热点事件背后的气象百问。为了更好地适应百家号用户的观看习惯，从 2022 年 3 月开始，小视频由竖屏模式转换为横屏模式，取得了较好的效果。

《了姐涨知识》

（四）贴合用户需求，服务美好生活

在运营期间，“中国天气”百家号编辑通过分析百家号浏览、回复等相关数据，研判用户需求，用各种方式让天气变得更加易懂，让有特殊需求的人群能找到匹配内容。

1. 创新视频可视化制作，让晦涩数据变得简单易懂

“中国天气”内容团队研发《天气地图》《天气杯赛》《节气气象馆》《节气冷知识》《春运天气 emoji》《冬奥冬奥 yes or no》等多类短视频，在重大天气事件、社会热点发生时为群众提供特色气象服务，服务人群超过 7020 万。

（1）春运服务，拳拳心意让网友“爆灯”

2022 年春运期间，“中国天气”百家号为出行人群定制《春运天气 emoji》专题视频。全系列 11 期视频服务人群达 571.5 万。

（2）冬奥天气服务，让冬季运动和气象完美融合

北京 2022 年冬奥会期间，“中国天气”百家号先后推出《冬奥冬奥 yes or no》《冬奥气象 100 问》等专题视频，获得百度搜索直达通道首位推荐，视频

观看量超 4959 万。

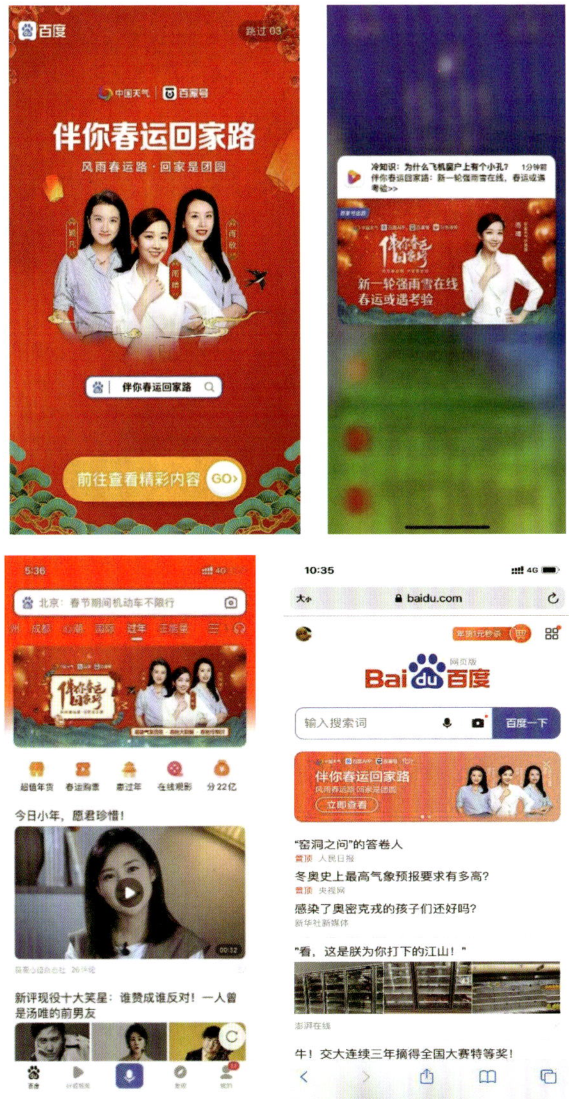

《春运回家路》

2. 实现视频自动化生产，流水线出品满足更广泛人群需求

“中国天气”百家号先后研发《城市风云榜》《预警日报》等多款自动化视频以提升服务便捷度，视频服务人群超过 1.8 亿。

《冬奥气象 100 问》

3. 根据不同需求，精准点对点服务不同人群

根据数据分析和用户反馈，“中国天气”百家号针对不同人群的需求，特制内容，点对点精细服务。

比如，为 7～12 岁儿童量身定做的《小牛顿气象站》，用小朋友们听得懂的方式，辅以卡通道具、微型小实验等要素，揭示脑洞大开的天气气候科普知识，得到了小朋友的喜爱。

《黑坑天气》是每周发布两次的钓鱼天气服务视频栏目，专为钓鱼爱好者提供短期和中期天气情况，让钓友选择更利于钓鱼的天气下钩，得到了钓友的关注。

不少宝妈反馈想要了解每周末的天气，方便周末安排遛娃活动。为此，2022 年，“中国天气百家号”推出了《超人妈妈报天气》，针对家有 6 岁以下儿童的父母定制，每周四上线，为告知带娃出行或宅家指南的气象服务短视频。

在用户细分方面，我们不仅做到了精准描绘，也做到了优化优质，得到了百家号用户较好的反馈。

作为国内首屈一指的天气媒体平台之一，“中国天气”不仅有权威的内容、

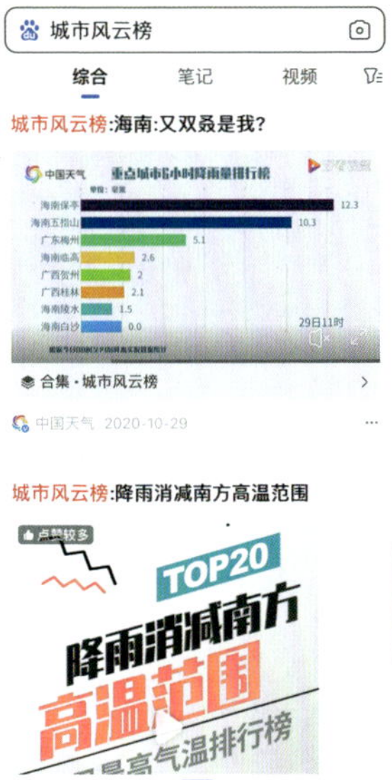

《城市风云榜》

《预警日报》

《小牛顿气象站》

专业的解读，更有贴近人民群众、满足人民群众对气象服务保障的需求，并实现群众对“美好生活”的向往。目前，我们已经进入全新的5G时代，“中国天气”也会紧跟技术发展，结合平台特色，瞄准用户需求，在做好各项基础服务的同时，提升产品质量，继续提供更精准更生动的天气信息和分析解读，让“中国天气”百家号在天气媒体中更上一层楼。

《黑坑天气》

《超人妈妈报天气》

九、“中国天气”MCN 机构的打造

（一）国省联动、强化运营，孵化 IP——“中国天气”MCN 的探索之路

2020 年初，“中国天气”MCN（Multi-Channel Network，多频道网络）机构成立，并组织全国 90 位气象主播入驻快手、微博等新媒体平台，人员涉及北京、天津、河南、云南、海南等 26 个省（市）。经过两年多的努力，目前机构已孵化百万粉丝数的账号 4 个，其中一个粉丝数超过 300 万，50 万及以上粉丝数的账号 7 个。与此同时，机构积极拓展账号商业变现模式，目前已基本建立起“中国天气”MCN 生态圈，在新媒体平台不断扩大、提升“中国天气”的品牌价值。

1. 挑战与重塑

受整体大环境影响，影视、传统网站全线衰退。从 2015 年开始，中国传统媒体广告收入就持续负增长。近些年，受疫情影响，传统广告市场更是进一步遭遇寒流，而新媒体广告市场却逆市上扬。可以说，广告投放逻辑已经出现明显变化，传统广告投放领域失守，全面向移动端转移。

移动互联网技术的迅速发展培养了人们使用手机获取资讯的习惯。据工信部信息中心发布最新数据显示，2020 年底，中国 4G 用户规模已经接近 13 亿户，同时移动互联网累计流量也在不断增长，屡创新高。

与此同时，手机上网网速的提升和流量资费的不断下降，越来越多的用户开始在手机上观看视频。而手机屏幕小，多被应用于移动化的场景，这也使得短小精悍的短视频成为与手机最为契合的视频形式。2020 年底，短视频行业用户规模突破 9 亿，活跃用户达 7 亿。

而从短视频入手，通过短视频与直播两种形态呈现出的信息彼此渗透、优势互补，更有利于内容的多元化发展，将最大程度地带来流量，转化流量，也为商业化提供了更多选择和探索的可能性。

2. 他山之石　广电媒体的 MCN 转型

诞生于美国的 MCN（Multi-Channel Network），全称为多频道网络，相当于内容生产者和平台之间的中介。MCN 不生产内容，只是将众多力量薄弱的内容创作者聚合起来，共同建立频道，帮助他们解决推广和变现的问题，最后再以一定的比例与创作者分成。

而经过中国本土化改造的 MCN 则是一种多频道网络的产品形态，基本组织架构包含运营、商业变现。经本土化改造的 MCN 将 PGC（用户内容生产）与 UGC（专业内容生产）内容联合起来，在制作、交互推广、合作管理、资本等方面的有力支持下，保障着内容的持续输出，最终实现商业的稳定变现。

在广电 MCN 领域布局上，不少省级地面频道成为了改革试验田，如湖南娱乐频道、浙江广电等均在 2018 年下半年纷纷展开布局。

（1）湖南娱乐频道转型之路

转型背景：传统媒体收视下降，经营压力向上游传导。收视下降直接导致电视台广告收入下降，采购能力减弱。200 多位员工生产的优质内容，通过传统平台播出无人问津。

对位内容：湖南娱乐频道从 2018 年 10 月开始转型做 MCN，并成立了 Drama TV。目前，已签约达人超 200 位，抖音粉丝破亿；其他平台粉丝破千万，主要账号分布在泛娱乐、剧情、母婴、美妆 4 个垂类，日更视频超 200 条。

经营方式：新媒体广告 + 电商带货 + 内容付费。

变现情况：2019 年全面实现盈利。其中，“张丹丹的育儿经”是 Drama TV 直播带货业务中一个非常抢眼的案例。该账号主要针对 2～3 岁婴幼儿教育问题，分享母婴相关知识、绘本教育等。首支短视频在发布 48 小时内，带货金额超过 55 万元，月营收额超过百万元。

（2）浙江广电布噜文化 MCN

对位内容：布噜文化是浙江广电子公司新蓝传媒与民营广告公司思美传媒共同成立的合资公司，着力点定位于短视频的商业变现。新蓝传媒作为控股方，主要发挥平台资源、内容创作、人才 IP 等方面的优势。

经营方式：两种模式，即：“电商变现 + 广告”和“内容版权 + 广告”。一是重点利用广电内容资源，在抖音、快手等短视频平台上布局内容矩阵，以“电商 + 广告”的模式进行变现；二是为爱奇艺、优酷、腾讯视频、芒果 TV 等长视频平台，提供 20 分钟以内的微短剧和微综艺，依靠“版权分账 + 广告”的模式，实现价值增值。

变现情况：布噜文化 MCN 整体成绩不俗，目前已经与 20 多家企业，包括空调、汽车品牌等企业品牌进行合作。

3. 从“0”到“1”，“中国天气”MCN 的破局之路

2020 年初，我们以“中国天气”为统一品牌，开创 MCN 破局之路，整合现有资源，发力转型为 PGC 内容生产商。视频内容针对快手、微博等头部平台做优化，以生产优质内容逐步形成变现能力。

（1）打造“中国天气”MCN 机构，我们有着高适配性

第一，传统 MCN 机构旗下的博主在各个领域均有细分。而目前“中国天气”团队采编人员也是由不同风格的栏目和团队组成，有较强的内容策划制作能力。传统广电的内容制作优势完全可以利用起来，转型相对比较容易。

第二，得益于气象部门国、省、市、县四级垂管的业务架构，气象 MCN 机构聚合了庞大资源，有才华的主持人、记者以及自有专家资源普遍具有一定的专业素养，具备打造成 KOL（意见领袖，俗称网红）的条件，且输出的内

容质量相对较高。

第三，具有营销资源。传统广电手中拥有一定规模的营销资源，可以将这些营销资源在传统广播电视和新媒体渠道之间打通，充分发挥出营销价值。

第四，有媒体背景的信誉背书。在当下自媒体盛行的大环境下，这也是不可忽视的优势。

综上，组建“中国天气”MCN 机构，将国、省、市主持人纳入其中，根据各人特点、爱好和专业形象，赋予他们不同的人设，并根据人设吸引相关受众粉丝，从而培养出 KOL。

（2）极端情况迎来空前机遇 快速入驻平台签约国省主播

2020 年初，突如其来的新冠疫情打乱了不少人工作生活的节奏，大多数人只能被迫待在家。这也让交通旅游、餐饮娱乐、文化影视等行业受到较大冲击。

但是，在这种情况之下，依旧爆发出很多潜力股。譬如，短视频行业受到高度关注，当时就有不少人预测“电商、短视频、线上教育等行业将迎来空前的机遇和爆发”。我们也把握时机，快速行动起来。

我们通过组建微信工作组，以部分主持人为试点入驻快手平台；对接快手，通过绿色通道快速完成主持人入驻认证，并落实针对“中国天气”品牌旗下主持人的流量扶持政策；根据主持人自身特点初步建立人设，并成立制作小组，针对天气、防疫等相关话题进行内容生产发布，不断积累粉丝。

同时，“中国天气”快速组建 MCN 机构，将国、省、市主持人全部签约至 MCN 机构，而各地气象系统达人、大 V、基层台站达人也可作为素人对象入驻。

（3）基于“中国天气”优势创新生产内容

我们依托现有团队制作能力帮助达人不断输出内容，保持账号热度，并持续积累粉丝；同时，根据每人不同的特点、爱好和专业形象，赋予达人不同的人设，根据人设吸引相关受众粉丝，培养 KOL。

①短视频策划制作快速积累粉丝

我们针对新媒体平台特点，组织机构主持人开展内容策划制作，每年旗下主持人短视频内容生产量接近 2000 条，播放量超过 2 亿。

首先，针对机构主持人“气象”属性，策划制作属地化的天气预报预警服务内容，通过与平台的合作对接，将重要预警预报信息针对区域用户进行定向推送。仅 2021 年汛期期间，“中国天气”快手 MCN 机构入驻主播就发布预警预报信息条数 1555 条，总播放量 1.36 亿，视频总点赞及评论数超过 280 万，多条天气信息播放量超百万。其中关注华北强降雨的短视频，通过定向推送，播放量超 500 万；关注河南等地强降水过程以及台风“烟花”等相关视频播放量也超过了 400 万。同时，结合新媒体受众需求，追踪热点新闻，策划制作孟晚舟归国、疫情防控等内容，单条播放量超过千万。

通过爆款内容的策划制作，部分主持人涨粉明显，山西省局气象主播文静甚至在短短两个月内涨粉 43 万。目前，其粉丝量已经突破 140 万。

“中国天气”MCN 主播新媒体气象服务

②关注热点话题保持账号热度

“中国天气”MCN 机构组织各地主播策划“气象主播不一样”“我的好友阵容”“世界气象日”“气象主播讲气候故事”“小行动影响大气候”等话题。话题相关上传视频数量接近 300 个，话题总关注量超过 5000 万。

通过创建话题、机构主持人与达人跟拍、合拍等方式，互相引流，互相增加热度，让更多用户能够通过话题关注主持人账号。

③与平台联合策划早间直播栏目获大流量曝光扶持

“中国天气”MCN 机构积极与快手平台对接，根据平台的特点及用户需求，策划早间直播栏目《快说天气》。这也是快手平台上唯一一个大流量扶持的栏目。节目由全国头部气象主播领衔，每天早间 7 时至 8 时 30 分，针对重点天气、预警预报信息、交通出行天气、气象为农服务进行解读分析，为网友提供一对一的交互式气象服务。

节目通过快手平台流量扶持，进行主视窗全国同城置顶，吸引粉丝进入直播间获取天气信息，并以挂件直播的方式，完成“1+3”路直播间信号推送。

《快说天气》平均观看人数在 20 万左右，最高观看人数超过 40 万，主播单场直播平均涨粉 5000 人，单场最高涨粉超过 1.5 万。

（4）积极拓展机构达人商业变现模式　提升“中国天气”品牌价值

“中国天气”MCN 机构将内部资源和外部资源充分整合，不断拓展旗下达人商业变现模式。通过多种方式对接平台广告客户，探索矩阵式短视频“快接单”合作模式。

快手官方发布的媒体 MCN 机构商业指数榜单

2021 年以来，“中国天气”MCN 完成近 200 单商业广告合作，主要涉及 3C 产品[*]、美妆个护、团购平台等商家合作。而在快手官方发布的媒体 MCN 机构商业指数榜单中，“中国天气”MCN 机构也连续多月跻身十强。

目前，“中国天气”MCN 生态圈已基本建立，实现了“引入达人—产出内容—平台运营—广告 / 电商推广”的完整链条，在新媒体平台不断扩大和提升“中国天气”的品牌价值。

（二）发挥品牌优势，输出优质内容：“中国天气”MCN 机构“3+3 模式”助力乡村振兴

“中国天气”积极响应国家乡村振兴的号召，整合全媒体平台资源，用好气象部门国、省、市、县四级矩阵化传播效应，聚合优质资源；利用品牌所触达的公域、私域流量结合新媒体直播带货新玩法，摸索出“直播 + 短视频 +IP”“平台 + 专业 + 市场”的“3+3 模式”。

从 2020 年开始，通过建立“中国天气”MCN 媒体矩阵，组织全国近 50 位主播，共同参与大型主题品牌直播宣传推广与带货活动 20 余场次，宣传推广主流平台逾 10 个。其宣传推广产品浏览量高达亿级，引导直播消费金额近 500 万元。

1. 打造“中国天气”MCN 机构，形成集服务、宣传推广、带货为一体的完整链条

2020 年初，天译科技组织全国气象主播入驻快手平台，积极打造“中国天气”MCN 机构。截至目前，已完成全国 26 个省（区、市）89 位气象主播认证及入驻。目前单个主播最高粉丝数已破百万，实现了“引入达人—产出内容—平台运营—广告 / 电商推广”的完整链条。这一机构的打造，是实现“3+3 模式”中重要一环，也是助农直播带货的基础。

2020 年上半年，电商直播带货逐渐成为消费助农的新模式。从央视知名主持人、淘宝顶流主播到网络红人纷纷加入直播带货，这一模式也得到国务院乡村振兴局（原扶贫办）的肯定。“中国天气”MCN 机构抓住农产品与天气、

* 3C 产品即计算机类、通信类和消费类电子产品的统称。

气候品质强关联这个切入点，开始探索有气象专业特色的直播带货之路。

2. 精选合作伙伴、不断磨合，逐步打造有气象特色的直播助农活动

2020年6月，“中国天气”联合重庆市巫山县委，策划了“巫山脆李”专场直播，以此来助力巫山群众复工复产。然而就是这场直播首秀，让“中国天气”MCN机构遭遇了滑铁卢。

受北京地区新冠疫情的影响，原本“中国天气”主播巫山现场助力销售的计划被迫取消，“中国天气”MCN团队迅速改变策略，从“现场线下＋线上”的模式，改为异地线上连麦。6月18日上午9时50分，“中国天气”主播冯殊准时出现在“中国天气”快手官方号的直播间，向网友推荐中国气候好产品巫山脆李，并连麦当地官员，共同推介脆李。持续1个半小时的直播活动吸引了84.9万人次的观看。有不少“老铁”为爱下单，以实际行动支持巫山脆李销售。

然而，在直播结束后的几天之内，“中国天气”MCN机构工作人员发现电商后台出现大量退单情况。工作人员调查后了解到，原来是实际发货的商品与直播间展示的样品存在偏差。虽然最后工作人员通过耐心的解释和安抚解除了消费者的误会，但是“中国天气”快手小店的评分却降到了1.8分，被平台打上了“此店铺商品需谨慎购买”的标签。

“中国天气”“草原有好货”内蒙古专场直播

此次尝试让我们看到了“中国天气”品牌在消费助农方面的公信力、传播力，也积攒了农产品宣传推广方面的经验。另一方面，“中国天气”也看到，虽然自身具备品牌和平台优势，但是在电商销售领域并非强项，因此借助外力就格外重要。经过多方洽谈和锲而不舍的地反复沟通，我们终于与中国农业银行实现了合作，强强携手推动直播带货助农公益活动深入开展，并于2020年9月成功举办了“草原有好货——消费助农共建美好”电商直播带货活动。

活动中，“中国天气”MCN 机构 10 位主播精准预热。北京市、内蒙古自治区敖汉旗两地直播间同屏连麦直播，最终 3 个小时的直播带货活动观看量累计高达 80.2 万，同时在线人数峰值高达 3.8 万。直播当晚下单量 25000 余组，下单金额 200 多万元。从内蒙古自治区敖汉小米到草原牛羊肉礼盒，从沙棘汁杏仁露到牛板筋牛肉干，从草原鸭肉盐水鸭到燕麦大礼包，从牛肉香菇酱到草原牛奶条……现场频现货物刚上架立即“秒光”。由于网友抢购热情高涨，不断要求补货，原定于 21 时 30 分结束的直播，不得不延长了近 1 个小时才圆满结束。

这场直播的火爆大大振奋了团队士气，也让“中国天气”店铺积分重新回到了 4.8 分，达到了优质店铺的标准。

我们趁热打铁，2020 年 10 月，“中国天气”又与《人民日报》文化传媒、中国扶贫基金会、淘宝直播联合举办“‘中国天气’精选世界粮食日专场公益直播”。活动助力湖北、新疆、青海、黑龙江、四川等地销售扶贫农副产品，累计引导成交额突破 200 万元。双 12 电商节，我们还策划了“社区的力量”助力消费助农淘宝直播，成功引导消费金额 35.8 万元。

3. 直播实践获国家乡村振兴局（原扶贫办）认可，建立长效合作机制，“3+3 模式”基本确立

“中国天气”开展的系列直播带货消费助农活动，广泛受到行业的认可和好评。由国家乡村振兴局主管的“中国社会帮扶网”邀约“中国天气”携手打造二十四节气消费助农乡村振兴专场，正式推出常态化、覆盖全年的多时段、

“中国天气”“节气吃什么”专场直播

多地域的消费助农直播活动。以“中国天气”旗下气象主播领衔，搭配专业气象分析师组合直播，结合农产品与天气的强关联属性，优选节气好物，开启全年二十四节气主题直播，打造消费助农品牌，从而正式确立了“直播 + 短视频 +IP”“平台 + 专业 + 市场”的“3+3 模式”。

2020 年 11 月 7 日，首场二十四节气直播带货立冬专场顺利开展，成功推介了山西代县、四川平武、河北丰宁等多地特色农产品，效果显著。截至 2022 年 10 月，活动共设计制作全国优质农产品推荐地图 36 张，推荐全国优质农产品超过 370 种，发起“节气吃什么”“全国优质农产品推荐地图”等话题。

直播带货助农模式在电商领域并不罕见。在众多的活动中，“中国天气”MCN“3+3 模式”之所以能够站稳脚跟，在于能够充分打好气象牌，充分利用农产品与气象的强关联属性，在选品方面以气候好产品为标准，提升扶贫产品品牌附加值；在直播过程中能够从气象、气候背景角度，详细介绍农产品的知识背景，丰富现场互动和气象专家讲解，增强直播带货的观赏性、趣味性和科普性。以上两点实现了气象内涵与产品价值的跨界融合，取得了“1+1>2”的有机化学反应，是“中国天气”助力乡村振兴的有益尝试。

未来,“中国天气”MCN 将继续发挥品牌优势，用好气象部门国、省、市、县四级矩阵化传播效应，携手中国社会帮扶网聚合优质资源，做好“天气通讯社”和“百姓贴心人”，以“气象 + 直播带货”模式助力乡村振兴，使之成为气象部门在新形势下推进乡村振兴、助力地方经济的新举措、新力量。

第十八章 媒体融合产品服务案例*

一、“中国天气”布“全媒体天网”全力围捕“利奇马”

2019 年 8 月上旬，9 号台风“利奇马”登陆并影响我国华东沿海，是 2019 年登陆中国的最强台风。“中国天气”全体总动员，各个服务渠道齐发力，全渠道、全方位、多维度做好捕捉 " 利奇马”的准备，实现全媒体服务，用实际行动践行初心使命。

（一）背靠“大树”——卫星、气象中心和各省气象局“黑科技”超吸睛

背靠中国气象局丰富的资源，中国天气网联合国家卫星气象中心推出“星眼看地球”，独家展示“利奇马”的演变过程，让“黑科技”服务于公众的日常生活。同时，中国天气网与国家气象中心联合推出台风服务直播，近距离展现气象人无惧风雨，全力做好台风预警预报、监测服务工作的精神。在此基础上，中国天气网联合江苏、山东、浙江、辽宁和大连等多省市气象局推出台风大直播，直观展示台风专业监测产品、受影响地区风雨现场、各地应对台风措施等。此外，直播首次采用先进的全景直播技术，真实展现台风现场的威力，助力提升民众防灾减灾意识。

---

* 本章由张慧媛、陈萌执笔。

（二）独家台风路径查询产品成爆款　各大媒体纷纷关注

中国天气网率先于 2019 年 8 月 8 日上线融媒体直播专题《“利奇马”将成今年首个影响我国的超强台风》，被光明网、中国网、一点资讯、UC 浏览器嵌套，今日头条、新浪天气通、央视新闻嵌套台风路径查询产品。据统计，直播专题累计浏览量 44 万页；台风路径产品 PC 版累计浏览量 77 万页，移动版累计浏览量 54 万页。

（三）独家图文产品阅读量居高不下

2019 年 8 月 7 日，中国天气网专访《“利奇马”或成今年来登陆我国最强台风　狂风暴雨将席卷 7 省市》，被新浪天气通、今日头条和新华社 3 个客户端弹窗推荐，新浪、搜狐、网易、光明网等多家主流媒体转载，各平台总阅读量超 136 万。

2019 年 8 月 8 日，中国天气网专访《超强台风“利奇马”雨神附体　9 省市风大雨强》，被新浪天气通、百度等 3 个客户端弹窗推荐，各平台总阅读量超 235 万。同日，中国天气网推出的《数据解读：“利奇马”成今年风王　强风暴雨将影响 9 省市》，被今日头条、新浪天气通、腾讯新闻、天天快报弹窗推荐，被央视、《南方都市报》、腾讯、新浪、搜狐等媒体转载，各平台总阅读量近 65 万。

（四）新媒体持续发力　吸“粉儿”无数

结合微博信息短小精悍、发布迅速等特点，中国天气官方微博开启台风启动滚动直播，自建号以来首次一天中 3 个原创话题同时登上微博热搜榜；此外，话题“首个台风红色预警”“台风利奇马”单日新增阅读量先后突破历史最高。其中，原创话题“台风利奇马”阅读量 2.2 亿，“首个台风红色预警”阅读量 3.1 亿，登上热搜榜第九，以及微博电脑端热搜框。单条微博《最高级别！今年 # 首个台风红色预警 # 来了！风王“利奇马”明日登陆浙江》半天内转发、点赞、评论总量迅速超过 11 万。

中国天气微信公众号也抓住台风热点，台风推文阅读量均超 5 万，多篇推文阅读量近 10 万，带动公众号粉丝数明显上涨，数篇推文被人民网、新华社等千万粉丝微信大号采用。

（五）电视端宝刀未老　助力防灾减灾

中国天气频道在 2019 年 8 月 9 日《天气直播间》栏目中推出台网融合直播，由权威气象分析师利用专业图形，详实分析台风最新走向及影响。同时，为进一步强化科普服务效果，8 月 9—11 日，中国天气频道持续播出台风科普、防御专题片，以及与预报服务分析相结合的全时段灾害防御科普。

在此基础上，中国天气网还为公众提供了二维码，持续进行电视端用户的天气网移动端直播专题导流，输出滚动更新各类资讯。此外，还专门制作了专题宣传片为天气网台风小程序做推广，并在频道持续推送，强化“中国天气”品牌推广。

（六）让酒香穿过巷子　借力打力发出更广泛的声音

中国天气网高度重视“利奇马”的媒体合作，合作媒体多达 25 家。除常规直播专题嵌套、资讯弹窗和视频直播拉流合作之外，中国天气网还积极拓展与区域媒体的灾害报道合作，首次与浙视频、新京报视频联合报道，分别派出追风报道团队，互为直播信号源，实现了优质资源的共享；与快手在直播、短视频方面开启了全方位合作，利用“中国天气”快手大号带分析师小号，打造气象分析师科普 IP。此外，百度客户端首次推广中国天气网台风路径查询小程序产品，并尝试提供开屏推广资源协助，做好防灾减灾宣传。

二、“中国天气”寒潮媒体服务产品霸榜、霸屏、霸热搜

2021 年伊始，又一股寒潮自北向南影响我国。此次寒潮紧随 2020 年末“跨年寒潮”之后，多地气温将再创新低。“中国天气”提前服务、全程跟踪，推出的多篇采访、策划、地图产品、短视频，媒体服务产品更是被多家新闻客户端弹窗推荐，被多档电视新闻节目采用，实现霸屏。编辑人员在微博积极运营寒潮话题，实现霸榜，5 个热搜话题总阅读量超 8.8 亿，为建号以来天气过

程服务上微博热搜次数最多的一次，取得了良好的传播效果和服务效果。

（一）追踪寒潮影响进程　独家策划八大寒潮产品

针对此次寒潮，中国天气网提前启动专项策划，重要策划全程覆盖寒潮过程，密集推出 8 个独家策划图文产品，包括重大过程预报专访，生活地图类产品（《全国冻哭预警地图》《冰箱冰冻地图》《气温探底大赛》），气温创新低专访，北极避寒热点科普，三九会更冷吗数据新闻。上述产品被各大客户端弹窗推荐超 25 次，各媒体转载超 190 次，“中国天气”自有平台阅读量超 2680 万。其中，《全国冻哭预警地图》传播效果最为显著。该地图不仅被新华社、央视新闻、《人民日报》等百余家媒体转载，还被央视新闻频道、央视 2 套、央视 4 套、河北卫视等节目口播相关内容；腾讯要闻、百度首页等也在重点位置进行推荐。据不完全统计，《全国冻哭预警地图》在各媒体平台阅读量超 1800 万。

除提前策划的产品地图之外，中国天气网积极追踪寒潮进程和网友关注热点，及时推出相关新闻和解读。从 2021 年 1 月 5 日至 7 日，平台连续 3 天追踪报道北京低温破极值情况，推出 3 篇报道，每篇均刷屏各大媒体客户端。其中，资讯《−17.1℃！北京气温刷新 21 世纪最低纪录》被《人民日报》、新华社、腾讯新闻等 14 家媒体弹窗推荐，刷新了单条资讯弹窗次数纪录。

针对网友纷纷表示要到北极避寒的微博热搜，中国天气网快速推出独家解读《北京今天真的比北极还冷吗？》，被腾讯、百度、高德、UC 浏览器、新浪新闻、今日头条 6 家媒体弹窗推荐，央视新闻客户端、《人民日报》客户端、新华社客户端、新华网客户端等 30 余家媒体转载，各平台阅读总量超 140 万。

（二）微博首次进行 C 端话题运营　吸引八大领域政务矩阵参与

此次寒潮服务过程中，微博话题运营亮点频出。“中国天气”官方微博共发布内容超 70 条，阅读量超 2700 万，共有 5 个原创话题登上微博热搜榜、同城热搜榜。

“中国天气”原创独家话题制霸微博热搜榜，《全国冻哭预警地图》《全国冰箱冷冻地图》“2021 首次寒潮”均登上微博热搜榜。《全国冻哭预警地图》

话题阅读量更是高达 5.6 亿，最高时位于热搜榜第 2，热度达到“沸”级。此外，话题《全国冻哭预警地图》还登上百度热榜第 4、知乎热榜第 4、今日头条热榜第 7、腾讯热榜第 21。同时，“中国天气”还密切追踪北京、天津等地气温破极值情况，话题“北京气温刷新 21 世纪来最低纪录”登上微博热搜榜，“天津度过 1966 年以来最冷早晨”也登上同城热搜榜。

此外，中国天气官方微博除发布各地预警预报、科普等内容外，还首次尝试了搭配个人用户端话题运营，与政务微博联合，发起“一张图证明你家温度有多低”大型线上互动活动，吸引网友晒图热议此次寒潮低温情况。该活动切中网友痛点，引发网友灵魂吐槽，纷纷发起“气温炫负挑战”。同时，该活动还吸引了政府新闻办、共青团、气象、博物馆、图书馆、医疗、铁路、消防八大领域官方蓝 V 矩阵参与，最终话题阅读量超 9140 万，超 1.3 万次讨论。

（三）数据可视化视频再创新 “寒潮杯”三项大赛获赞

视频方面，“中国天气”延续年末寒潮的数据可视化风格，结合 2021 年寒潮的特点及影响进程，连续推出冰冻挑战赛、“炫负”大赛、探底大赛 3 条视频。上述 3 条视频以时间为线索，搭配生动、直观、形象的画面展示了寒潮影响下大城市的气温走势。视频一经推出，引发朋友圈刷屏，总观看量 489 万，单条观看量均超百万。

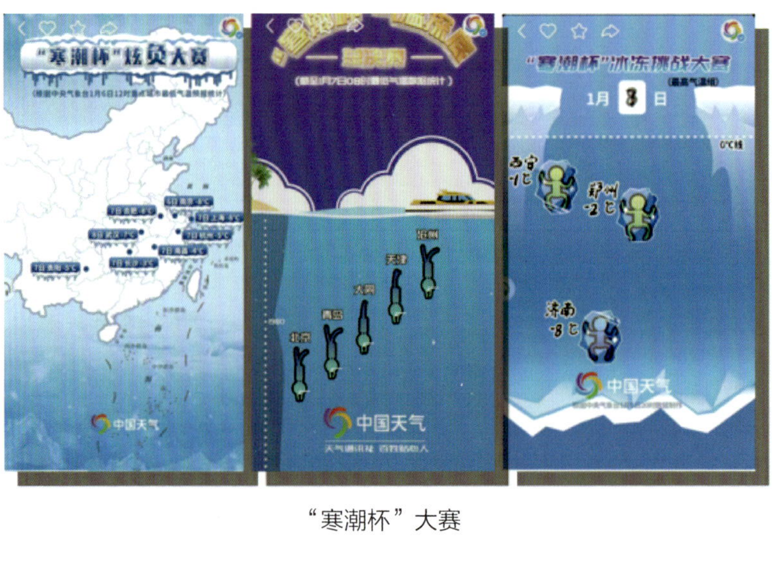

“寒潮杯”大赛

（四）“冷”资讯有温度有趣味　科普解读紧跟热点

此次寒潮过程发生之时，正值石家庄、大连、沈阳等地实施全员核酸检测，医护人员在冰天雪地中坚守一线，守护群众健康。视频编辑抓住这一新闻点，通过温度的变化对比制作了《寒冬中的防疫：中国温度值得铭记》短视频，观看量超 200 万，点赞量近 3 万。

科普解读紧跟热点

除了关注寒潮不利影响外，“中国天气”也不忘抓住寒潮带来的趣点、萌点，推出《寒潮竟使北京动物园出现“冻”物》短视频，观看量达 158 万；同时紧跟新闻热点和网友关注热点，针对山东烟台成为北极圈烟台分圈、青岛海域出现“海浩”现象等热点，推出《了姐涨知识》系列科普解读视频，总观看量达 150 万。

三、“中国天气”全媒体追踪日环食　与数亿网友共赏天文盛宴

2020 年 6 月 21 日夏至日，迎来了当年最重要的天象日环食，也是未来 10 年中国境内唯一的一次日环食天象，错过就要等到 2030 年。针对这一天文奇观，“中国天气”提前协调日环食观测信号源，联系天文、气象专家，策划新媒体平台互动活动，开启了一场有温度的日环食直播，与数亿网友共赏天文盛宴。

（一）全网独家　从太空视角直击日环食奇观

2020 年 6 月 21 日，“中国天气”联合国家卫星气象中心（国家空间天气监测预警中心）、西藏自治区气象局、福建省气象局、厦门市气象局等单位，通过 14 路信号从不同视角、不同位置，多窗口全程直播日环食过程。“中国天气”有最独特视角的太空天眼——风云气象卫星；有最佳日环食观测点——西藏阿里、福建厦门的实时信号；有最意想不到的天气网眼，可带公众领略日食下山时河、湖、海的景观变化；有最专业的空间天气观测站，实时回传日食影像解读；还有国家空间天气预报台首席预报员、中国天文学会会员等大咖全程解读日食过程。直播过程中，金边日环食高清视频引发全民刷屏祝福，“中国天气”作为一家有态度的媒体，给大家带来了一场有温度的直播。

“中国天气”日环食直播

凭借独家、优质的日环食画面和专业、权威的解读，“中国天气”的直播被 32 家媒体平台同步宣传推广，总观看量近 1.6 亿人次。国家重点新闻网站人民网、新华网、央视网等全程转播，中国移动（咪咕视频、咪咕圈圈、咪咕音乐、咪咕阅读、魔百盒）给予直播首位以及开屏推荐等重量级支持；新浪微博调集风云气象卫星、天气网眼摄像头等 14 路直播画面从不同视角，给予直播、日全食相关话题全量支持和推荐，新浪微博直播和一直播也首次双开屏支持，弹窗推荐。环球网官方抖音号、微博账号、哔哩哔哩账号直播总量破千万。百度客户端给予弹窗、搜索热词等重量级支持。搜狐直播给予首位推荐、弹窗推荐，搜狐首席执行官张朝阳也使用个人账户进行转发。

快手平台在日环食期间开启多链路直播间，将演播室信号、西藏阿里信号、北京天文望远镜画面在同一直播间以多视角形式展现，观众可以自由选择，随时切换自己喜欢的视角观看。在锁链直播间，“中国天气”与北京天文馆、湖北省科学技术馆、墨迹天气等直播同台竞技，稳居直播间首位，在4个小时的直播中吸引了547万人次观看。

（二）加强互动　微博日环食相关话题阅读量达9.2亿

“中国天气”官方微博从2020年6月16日开始，对此次日环食进行预热，为网友提供大量信息，共发布独家产品、短视频及直播等信息超50条，阅读总量8000万次，微博单日粉丝量增加11.4万人。日环食直播在微博端总观看人数超9240万。直播过程中，“中国天气”结合微博端高互动的特点进行原创内容策划，其中，第一时间发布的西藏金边日环食图片单条微博阅读量超2360万，被《人民日报》、央视新闻官方微博转发。同时，该条微博也凭借优质、独家内容获微博全量推荐。

“中国天气”微博日环食相关话题登上热搜

“中国天气”官方微博主持的原创话题“日环食直播”“日环食涂鸦大赛”均登上微博热搜，阅读量超9.2亿。其中，话题“日环食直播”总阅读量超7.5亿，于6月21日登顶微博热搜榜第一，热度达到“沸”级，为“中国天气”微博建号以来首个热搜第一。配合日环食直播，“中国天气”还策划运营“日环食涂鸦大赛”有奖互动活动，话题阅读量超1.7亿，吸引大量头部博主和网友参与。

（三）加强策划　多个日环食观赏服务产品获弹窗推荐

针对年度“天文大戏”，中国天气网持续更新发布独家日环食观赏预报，策划推出《日环食观赏地图》《环食带城市观赏指数预报》两大服务产品以及相关科普讲解。上述服务产品被百度、高德地图、墨迹天气、天气通等多家客户端弹窗推荐。新华社、澎湃、新浪、搜狐、环球网等 30 余家媒体转载日环食服务产品，被 68 个微信公众号转发采用，在“中国天气”各平台阅读总量超 234 万，外部媒体转载曝光量超 230 万，微博相关原创话题总阅读量超 342 万。

四、“中国天气”提前策划加强运营　全媒体报道沙尘季

2021 年春季，北方出现 9 次沙尘天气，对人体健康、交通出行、农作物生长等造成不利影响。针对沙尘天气过程，“中国天气”启动多次全媒体报道，充分发挥垂直服务平台的独家优势，联合中国气象局业务单位、多省（区、市）气象局，运用专业图形产品、气象分析师解读、现场报道等丰富的媒体内容，全方位报道沙尘天气，全平台推广媒体产品，服务社会和公众。沙尘全媒体报道各类产品斩获 4.39 亿阅读量，有效提升了“中国天气”的内容传播力和品牌影响力。

（一）重专业　独家特色直播画面塑造品牌特征

2021 年春季，天译科技进行多次沙尘大风天气视频直播，其中有 3 次与多省气象局进行联合直播。直播内容既涉及不同省份的沙尘现场画面，也有卫星云图、监测产品、气象分析师解读等专业产品，成为“中国天气”视频直播有别于其他媒体直播的最大特色和亮点。

在 3 月 15 日、4 月 28 日、5 月 6 日的直播中，“中国天气”主持人与山西、内蒙古、河北、天津等地的记者连线，直观展现沙尘进程和对各地的影响。此外，直播大量运用中国气象局业务单位及“中国天气”独家产品和资源，包括卫星云图、天气网眼、激光雷达实况监测、分析师解读等，从高空、沙尘内部不同角度“看”沙尘，帮助受众了解沙尘频繁出现的原因。5 月 6 日的直播中，

天译科技首次启用 GoPro 动态街拍北京受大风沙尘的影响，稳定清晰地展示了大风中的街头众生相。

凭借丰富的现场画面和独家的专业产品、分析解读，“中国天气”5 次沙尘直播都得到了合作媒体的大力推广，被新华网、人民视频、央视频、腾讯、凤凰网等 40 多家媒体推荐，直播总观看量达 7594 万，传播效果显著。同时，直播还有效促进了“中国天气”自媒体平台账号粉丝数增长。其中，3 月 15 日的直播使“中国天气”在快手、抖音、百度及微视等视频平台的账号粉丝数在 1 天之内增加了 5 万。

（二）重策划　图文、短视频爆款频出

“中国天气”在沙尘服务中，提前研判、全程追踪，在沙尘影响前、中、后 3 个阶段根据公众和媒体关注热点，推出相关策划图文和短视频，被多家媒体平台弹窗推荐，多条短视频观看量破百万。

在全媒体报道过程中，中国天气网、自媒体发布图文资讯共 154 条，其中多篇策划、访谈被客户端弹窗推荐或转载，各平台总阅读量超 4000 万。

针对 2021 年 3 月 15 日的沙尘天气，中国天气网于 3 月 13 日推出专访《“全能型”冷空气将登场　大风降温雨雪沙尘或影响 16 个省区市》。专访被凤凰新闻、墨迹天气弹窗推荐，腾讯新闻首页热点专题推荐。之后，中国天气网从这轮沙尘为何如此严重、北京沙尘回流原因等方面进行解读分析，相关策划被凤凰新闻、今日头条等客户端弹窗推荐 7 次，被光明网、新华社客户端等媒体转载 50 余次。针对春季北京大风沙尘频发的天气特点，中国天气网推出两期数据新闻《又双叒来！本周北方将遭遇两轮沙尘　大数据看今年沙尘有多猛》和《大风为何这么多？五问北京大风你想知道的都在这里了》，被百度弹窗推荐，中国新闻网、央视新闻等多家媒体也纷纷转载，相关图形产品还被央视 1 套晚间新闻栏目采用。

我国目前已进入短视频时代。短视频能满足受众随时随地获取简单直接、碎片化信息的需求，传播力和影响力日趋增强。在春季的历次沙尘天气过程中，“中国天气”在短视频方面借力发力，精心策划制作发布预警预报、资讯、专家解读、科普等各类短视频 72 条，总观看量高达 9812 万次。

凭借多年积累的报道经验、独家专业的内容，“中国天气”多条短视频成爆款。其中，《中央气象台双警齐发，空气质量差，注意防范》观看量超 500 万；《大范围沙尘周末再袭击北方！》当天进入快手热点榜，观看量为 638.5 万；《受沙尘影响北京 PM_{10} 全面爆表》单条成为抖音北京同城榜榜首；《20 秒看北京天空“变脸” 风沙雨雷齐聚》观看量达 652.3 万；《注意！大风沙尘已进京！》观看量为 576.9 万；《星眼看地球：沙尘天气再次来袭 北京天津等地受影响》观看量为 570.5 万。

（三）重合作　探索灾害天气精细化服务

在历次沙尘服务过程中，“中国天气”不断加强与中国气象局各业务单位的合作，联合中国气象局气象探测中心、国家卫星气象中心、北京市气象局等单位，创新应用大量精细化、本地化的服务产品。

在 2021 年 3 月 13—16 日的沙尘报道中，“中国天气”通过视频直播、微博图文等表现形式，对气象探测中心天衍系统激光雷达实况监测产品、沙尘卫星实况监测产品以及北京沙尘历史数据产品进行可视化转换，精细解读沙尘的发展趋势以及沙尘厚度等相关信息，并进行了多轮次实时滚动发布。

针对 3 月 28 日的沙尘天气过程，“中国天气”向国家卫星气象中心提出卫星产品需求，制作沙源地积雪变化监测专项产品，以直观展示今年沙源地气温偏高、积雪偏少的气候状况。该独家卫星产品后被应用于央视 1 套《晚间新闻》的连线采访以及“中国天气”独家首席分析视频中。

通过与中国气象局业务单位的合作，“中国天气”沙尘媒体服务产品更加丰富、专业、权威，满足受众多样、深度的阅读需求，也提升了“中国天气”品牌形象及竞争力；同时，还将气象部门近些年的科研成果和业务成果展示给公众，使公众和社会各界了解气象部门的主要业务和服务成果。

（四）重运营　多个互动话题登上热搜榜

“中国天气”官方微博挖掘沙尘影响特征和公众、媒体关注热点，在社交媒体、信息聚合平台共策划主持 16 个话题，进行运营和互动，多次登上话题热搜榜，提升了“中国天气”曝光度。

针对3月13—16日的沙尘天气过程，“中国天气”官方微博共策划12个原创话题，总阅读量超4400万，打造出“近10年我国最强沙尘天气”和“北京升级发布沙尘暴黄色预警”2个阅读量超1000万的话题。同时两大原创话题“北京大风沙尘预警齐发”“北京沙尘前后对比”登上微博同城热搜榜，独家解读《北京出现火星同款蓝太阳》登上热搜话题“北京出现蓝太阳”热门第三位。

2021年3月下旬的沙尘天气，中国天气官方微博主持的两大微博原创话题“北方大范围沙尘又来了”“北京沙尘暴”阅读量超过1.1亿。话题“北方大范围沙尘又来了”登上要闻榜，“北京又出现蓝月亮”“北京沙尘暴”登上同城热搜。

热点话题传播效果显著，单条微博也引来网友热议。其中，独家解读“北京出现火星同款蓝太阳”阅读量达248万，微博原创内容“从湛蓝到逐渐昏黄，三张图看沙尘进京”被《北京日报》、央视新闻等超30家媒体采用。

媒体融合是内容、渠道、技术等的融合。“中国天气”作为中国气象局公众气象服务品牌，始终坚持内容为王，发挥垂直平台优势，生产出大量独家沙尘媒体服务产品。同时，“中国天气”近几年来积极拓展传播渠道和平台，“朋友圈”基本覆盖国内主要媒体客户端和信息聚合平台，实现内容多平台发布，多渠道推广。“中国天气”2021年春节沙尘天气融媒体报道，充分发挥了“天气通讯社、百姓贴心人”的作用，服务社会和公众，同时有效提升了内容传播力和品牌影响力，再次验证了“中国天气”在天气事件报道中的独特优势。

五、权威发声、立体服务、全媒传播　台风“烟花”全力服务防灾减灾

2021年7月下旬，6号台风“烟花”在两次登陆浙江后，一路向北，给上海、江苏、安徽、山东、京津冀、东北多地带来风雨影响，成为2021年登陆我国强度最强、影响最为严重的台风。作为行业垂直媒体，“中国天气”在台风登陆之前就根据天气预报、多年的服务经验预估了台风的严重性和高关注度。兵贵神速，不打无准备之仗，“中国天气”提前策划报道方案，联合国、

省、市三级气象部门及交通、航运等部门全程追踪台风。全媒体报道，多平台推广，相关媒体及互动服务产品全网总浏览量超过 11 亿，成为“中国天气”融媒体服务的标杆性案例。

（一）国、省、市三级联动，视频直播 72 小时不断流，创历次直播最长

为更好地开展“烟花”实时风雨影响报道及发展趋势分析，7 月 23—26 日，“中国天气”首次开启了连续 72 小时不断流视频直播，为历次连续视频直播中用时最长的直播。此次直播联合了中央气象台、国家卫星气象中心、中国气象局气象探测中心、浙江省气象局、江苏省气象局、上海市气象局，以及宁波、南通、苏州、常州、无锡、张家港市气象局 12 家气象系统内单位，联合组成前方追风团队，为观众带来了全面、震撼的台风影响现场画面，重点关注了城市风雨影响及积涝险情、港口码头防御、交通出行影响及各地水情变化。同时，气象分析师在台风发生发展全过程中还给出了最为专业权威的解读和独家气象产品服务：实时报道台风最新路径位置以及未来发展走势，针对台风登陆、风雨加大等关键时间点进行深入详尽的专业分析。

台风“烟花”直播

此次“烟花”视频直播获得69家媒体平台的强力推荐。其中，搜狐、哔哩哔哩网站、网易等平台弹窗推荐，百度、咪咕、中国网等平台在首页焦点图位置推荐，各平台总浏览量达4663万。

本次台风直播还由中国气象局办公室组织面向全国气象宣传系统推广转发，中国气象局气象宣传与科普中心（原中国气象报社）同步转发直播，在气象系统内部形成宣传服务合力，提升防灾减灾效能。

（二）图文、视频产品多平台分发　气象科普服务抵达更广大受众

“烟花”路径复杂，预报结论时时调整。针对这一特征，通过图文、视频策划紧密追踪“烟花”最新趋势、变化及影响，充分发挥“中国天气”作为专业垂直平台的优势，及时策划推出多样性媒体产品，多平台分发，引领舆论，助力公众和相关行业提前做好防范措施。

据统计，“烟花”图文专访、独家产品等原创策划被新华社、光明网、新浪、腾讯、网易等媒体转载近百次，自媒体平台总浏览量达5100万。台风登陆前夕，独家专访解读《“烟花”或致长时间极端降雨　浙江的雨会堪比河南特大暴雨吗？》被新华网、光明网以及江浙沪多家地方媒体转载，台风登陆消息《刚刚！台风“烟花”登陆浙江舟山　江浙沪等将遭持续性强风雨》《又登！台风“烟花”在浙江平湖二次登陆　华东地区将遭遇风雨潮齐袭》上线后被新浪微博、新浪新闻、新华社客户端、搜狐、UC浏览器等平台弹窗推荐、转载，话题“台风烟花在浙江平湖二次登陆”登上百度热搜第6，阅读量超447万。

视频凭借直观、易懂的画面和解说，在科普防灾减灾上更具优势。“中国天气”充分运用天气分析和独家产品优势，共发布预警信息、专家解读、实况追踪、追风见闻、直击现场等短视频51条，在快手、抖音、微视、微信视频号、哔哩哔哩网站等多个平台分发，总观看量1.03亿，点赞评论183万余次。其中，《台风“烟花”登陆时间提前！登陆地点北调！》《台风“烟花”风力核心影响时段将至　上海承接最强风区》进入抖音、快手热榜，并被快手弹窗推荐，两条短视频全网总观看量超过1500万。

（三）提炼不同阶段台风特点　微博七大话题总阅读量超 7.6 亿

利用微博话题运营的优势，针对台风“烟花”，“中国天气”官方微博做了大量科普服务推送。通过联合气象分析师发布独家信息点，密集推出原创解读、科普等内容，相关内容登上热搜话题热门位置共 16 次。早于各大媒体，“中国天气”官方微博独家拎出“上海将承接烟花最强风区”“上海处于台风危险半圆”“烟花北上影响到山东”“灾区余姚的雨何时停”等话题，并加强运营。

同时，中国天气官方微博对网上不断出现的灾情和求救信息也保持高关注，其中针对浙江省余姚市的暴雨，除追踪发布最新预报和灾情信息外，还制作原创话题“台风烟花互助”并积极转发余姚各地求助救援信息，体现人文关怀，成功帮助余姚市丈亭镇风东村获得救援。

据统计，微博七大话题总阅读量超 7.6 亿，微博总浏览量达 1.01 亿，“烟花追风日记”“上海处于台风危险半圆”“上海台风”三大原创话题登上微博热搜。其中，“上海处于台风危险半圆”排名第 7，登上微博热搜榜超过 10 小时。阅读量超百万微博超 15 条，转评赞超 1 万的微博大于 6 条。

（四）多渠道发声　气象分析师 6 次连线国省级媒体

除了新媒体，各类传统媒体也是传播气象服务声音的重要渠道。2021 年 7 月 22—26 日，“中国天气”气象分析师、前方追风记者共接受 3 家媒体 6 档节目的采访。在央视 1 套《晚间新闻》栏目、《朝闻天下》栏目、东方卫视、北京新闻广播的节目中，气象分析师和追风记者对“烟花”移动路径、风雨影响范围和现场、影响持续性进行了详细解读。

（五）跨部委跨行业合作　延伸科普服务细节

除加强气象部门内部合作外，“中国天气”也在此次报道服务过程中着力跨圈破壁。通过联合公安部交通管理局，在直播台风直播过程中，“中国天气”先后与上海市、浙江省、宁波市多地交通管理部门进行了现场连线直播，关注台风影响下各地交通运行情况，及时向公众发布道路封闭信息和应急求助热线。7 月 25 日晚，紧急接获公安部交通管理局消息，浙、沪两地交警在台风风雨影响中，跨省接力护送病患就医，“中国天气”即刻在直播接入此次护送行动的信号，在线保佑老人顺利就医，不仅展现了交警台风天里逆风而行的精神，也体现了“中国天气”“百姓贴心人”的服务宗旨。此外，直播还连线采访了绿舟救援队水域专家，在服务中加入大量洪水、内涝等灾害来临时如何自救与救援的相关科普信息，延展服务。

（六）独家台风路径产品嵌套支付宝首页　浏览量破纪录

重大气象灾害专项产品服务也是新媒体气象科普服务的重要一环。作为“中国天气”专项服务的拳头产品，台风路径查询产品集台风定位、雷达、卫星云图、风场等资料于一体，直观明了，方便查询台风实况和未来路径。在此次服务中，百度搜索、支付宝调用了中国天气网的台风路径查询产品，向公众提供台风路径查询服务。2021 年 7 月 25 日，该产品单日访问量突破 1000 万，创有纪录以来新高。数千万用户通过中国天气网台风产品提前获知台风的发展动态，了解到台风的影响范围、影响时间、影响程度，以此提前作出规划，规避风险。

“中国天气”借助全媒体渠道和平台开展台风“烟花”的服务报道，积极探索了在重大天气过程中，如何利用新媒体平台第一时间权威发声、立体服务、全媒传播，彰显了“中国天气”作为中国气象局公众气象服务品牌的社会责任担当。同时，“烟花”融媒体报道积累的服务经验、合作资源等也为“中国天气”今后开展重大灾害天气报道提供借鉴和参考。媒体融合时代，平台、技术、内容、资源的融合是大势所趋，“中国天气”也将继续发挥优势，持续推进媒体融合，助力防灾减灾。

六、紧抓关键节点全媒体服务高温过程　积极回应公众和媒体关注热点

2022 年夏季，我国经历了自 1961 年以来最强的高温热浪事件，并持续近 2 个月。不同于台风、暴雪等天气进程感强且有强烈视觉冲击的天气过程，高温天气持续时间长、过程变化小，但其影响却不容小觑。对于“中国天气”来

说，这也是团队首次服务持续时间如此长的极端天气。为破解受众阅读疲劳、不遗漏重要节点、做好高温防御应对科普，“中国天气”在日常媒体服务中确定了紧抓天气转折点、公众疑问点、媒体关注点的服务原则，策划形式丰富的媒体产品，实行全媒体分发，及时服务公众，引导舆论发展，取得了良好的传播效果。媒体服务产品总浏览量达 5.2 亿次，有效助力发挥防灾减灾第一道防线作用。

（一）追踪高温进程　创新推出高温榜单可视化产品

此次高温持续时间长、强度强，“中国天气”实时追踪各地高温进程，发布《预报预警》《独家专访》《生活预警地图》《防御科普》《分析师解读》产品，共发布高温相关原创资讯、图文策划 310 条。

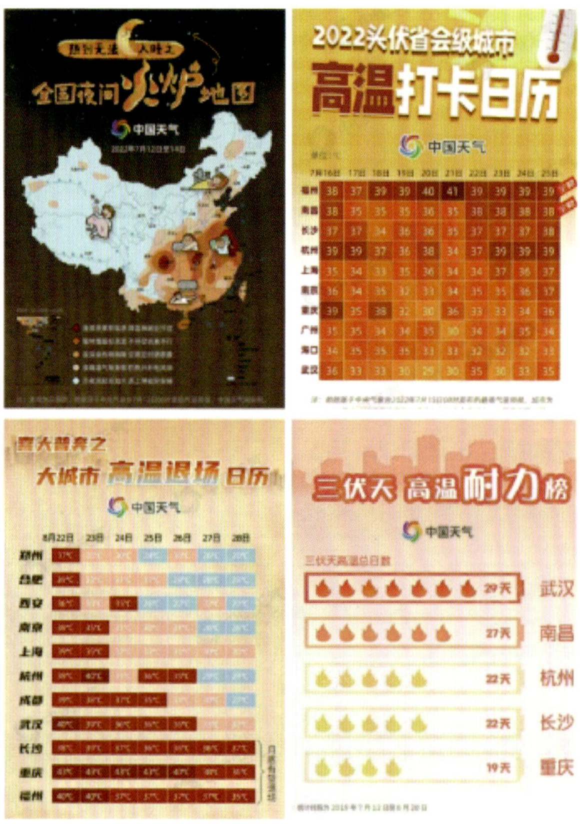

“中国天气”高温榜单可视化产品

中国天气网充分运用专业数据，结合公众心理感受、社会舆情走向，打造切合公众体验的可视化产品。中国天气网创新打造了《高温日历》《桑拿天地图》《高温四大榜单》等独家排行类、地图类服务产品，《三伏警告！一年中最热时段到来　高温打卡日历看哪里热到高温全勤》《热到无法入睡！全国夜间火炉地图发布　看哪里的夜最难熬》《终于要熬出头了！全国高温退场日历出炉　你家哪天退出高温“群聊”》等产品击中网友可以对号入座的分享心理，引发传播热潮和网友热议。

（二）短视频紧密追踪高温关键节点　单条视频观看量破千万

“中国天气”新媒体充分运用短视频画面直观、丰富、生动、利于传播信息的特征，推出预警预报、专家解读、天气资讯、气象科普等各类短视频 200 条。在高温开启、转折等关键节点，提前策划制作相关视频，做到“第一时间、权威发布”。高温开启之际，发布《首席有话说：好热！今年以来最强高

高温事件相关视频

温开启》；高温逐渐发展之时，推出《7 月 18 日天气预报高温明天起再次加强》；在高温消退的重大转折点，推出《高温灭灯地图》，短短 10 秒的视频迅速火爆各大视频平台，引发网友热烈互动；高温终结之时，推出《了姐涨知识：今年高温热的有多凶，一起来盘它》，盘点今年高温事件之极端。

（三）密集发布多篇专访　回应舆论热点

此次高温热浪事件历史罕见，媒体和公众都在追问“高温为什么这么强”“高温何时能缓解”等问题。中国天气网实时追踪高温进程，第一时间推出权威专访《今年来最大范围高温波及 20 余省份　高温打卡日历看哪里热到崩溃》《高温事件已持续超 30 天！五问极端高温　还要热多久？》等。国家气候中心明确高温事件强度后，推出专访《四问 1961 年来最强高温：高温造成哪些影响何时缓解？》。随着南方旱情发展，策划推出专访《四问长江流域严重旱情：正值汛期为何干旱　雨水何时来解渴？》。

（四）微博话题及时科普媒体和公众关注热点

中国天气官方微博和微信共发布高温相关内容 524 条，及时追踪、挖掘媒体和公众关注的热点及网友槽点，策划原创话题 15 个。话题既包括“南方今年为何这么热”“今夏高温为 1961 年来最强过程”等科普性话题，解读高温成因及影响等，也包括“上海气温追平 1873 年来最高纪录”“重庆人每天都在见证高温新历史”“福州热成了糊州”等地域性话题，激发网友讨论，提升内容传播力。在高温天气转折点，策划“坐等周末降温”“川渝地区高温今天基本结束”“本周冷空气将控制中东部大部地区”等话题，及时播报最新天气趋势，方便受众安排生产生活。

（五）全媒体传播　服务产品被多次转载频上热搜榜

媒体融合时代，媒体产品全平台分发、全媒体传播，以提升内容传播力和媒体品牌影响力。中国天气网策划发布的高温热浪媒体服务产品，在中国天气网、微博微信、百度百家号、抖音、快手等平台分发，以抵达更多受众，同时被新华网等媒体平台转载数百次，多次登上热搜榜，图文产品总浏览量达

5273 万，短视频总浏览量达 6350.3 万。

凭借优质的内容和丰富的呈现形式，中国天气网发布《高温打卡日历》《全国夜间火炉地图》《全国高温蒸烤地图》等独家产品 21 次，登上微博、百度、新华社、腾讯新闻等热搜榜 16 次，中国天气网各端阅读量 5273 万。

短视频《高温灭灯地图》被中央广播电视总台《晚间新闻》栏目、央广网、中国青年网等多家主流媒体和自媒体引用，各平台总浏览量达 1062.7 万，为“中国天气”在各大平台运营以来浏览量最高的短视频。预警类短视频《今年首发最高级别高温红色预警》登上快手热榜第 2 位，《北京发布高温黄色预警》被快手平台进行热点推送。

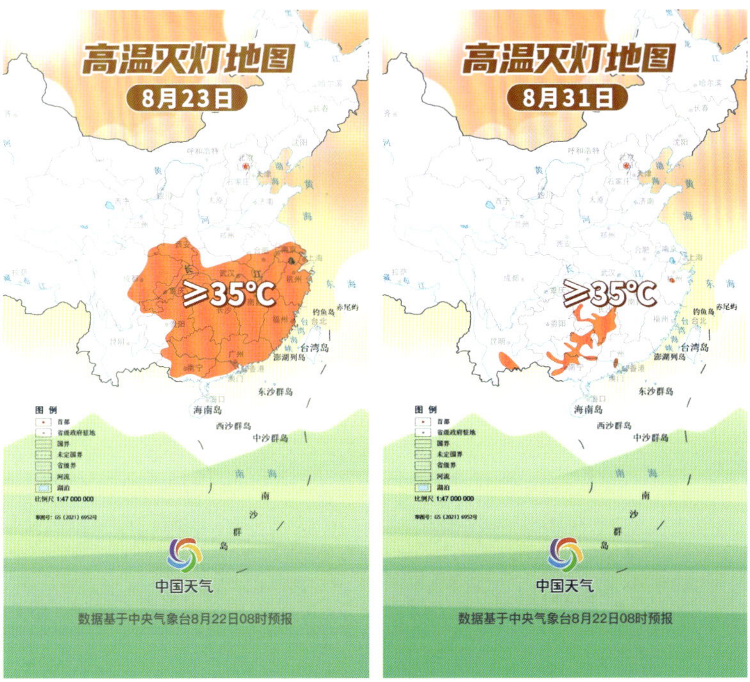

《高温灭灯地图》

微博、微信图文内容和话题总阅读量达 4 亿，“上海气温追平 1873 年来最高纪录”“南方今年为何这么热”“坐等周末降温”“黑龙江的夏天有多清凉”四大原创话题先后登上微博热搜榜，总阅读量超 3 亿，“重庆的热比 996 还拼”等 12 个话题登上同城热搜。

（六）联合其他业务单位　运用独家产品开展媒体服务

在高温热浪事件持续时，“中国天气”积极运用其他气象业务部门的产品资源，提升报道内容的丰富度，同时使媒体和公众进一步了解气象部门的工作内容及意义。

2022年8月21日，中国天气网联合国家卫星气象中心遥感应用室发布原创策划《南方高温干旱持续发展　鄱阳湖洞庭湖近一个月“缩水”约66%》，利用高清卫星图片展示鄱阳湖、洞庭湖水体面积变化。策划发布后，被百度弹窗推荐，人民网、腾讯新闻、中国青年网等10余家主流媒体转载，登上腾讯新闻首页高温专题热门。

高温热浪事件后期，人工影响天气话题成为各界关注热点。“中国天气”发布图文《中国气象局人工增雨飞机抵达河南　支援河南增雨抗旱》、真人拟物表演《人工增雨到底是如何实现化云为雨的？》、科普长图《中国气象局人工增雨飞机抵达重庆　一图了解人工影响天气》等服务产品，科普人工增雨科学原理、实现方式等。联合中国气象局人工影响天气中心推出《六问人工增雨抗旱》等权威解读回应公众关切，宣传人工影响作业。

此次高温热浪是近年来持续时间最长的高关注度天气事件，“中国天气”全过程追踪、全媒体发布、全平台推广媒体服务产品，及时传播预报预警，“科普高温原因”“人工如何影响天气”等热门话题，同时宣传了气象部门的工作内容和意义。“中国天气”将把此次高温热浪事件报道的有效经验运用到业务工作中，同时不断创新更利于传播信息、更易被受众接受的媒体产品形式，不断提升媒体服务水平，助力发挥防灾减灾第一道防线作用。

第十九章 “中国天气”气象融媒体破圈运营案例*

一、大屏、小屏、手机端三端融合——真人出镜，天气预报视频商业化变现新模式探索

伴随着移动互联网技术的飞速发展，媒体内容的传播生态也随之发生了变化，手机端的视频内容逐步转变为短视频形态。这种公众可以以极快、极短的时间获取信息的手机小屏成为了信息传播的主力军。于是为追赶广播电视台以及传统主流媒体的步伐，在气象领域，我们与百度百家号平台合作，展开了推动媒体融合深入发展的真人出镜天气预报视频产品的尝试。

“中国天气”百家号是集图文、视频、直播、图集等为一体的多元化账号，是中国气象局下属的全国天气权威信息源，以多形式、多角度覆盖天气内容和气象热点，吸引了近 257 万粉丝的关注。截至 2022 年 9 月 19 日，平台累计阅读量达到了 76.07 亿，总点赞量达到了 348 万。

“中国天气”与百度百家号基于百度百家的知识科普聚合平台，以及“中国天气”权威气象数据、分析师团队、演播室建设、自动化软件等各自具备的优势，自 2021 年 11 月至 2022 年 3 月共计 4 个月的时间里，针对面临的自动化视频背景生成、气象分析师自动化播报稿件、录制效果、剪辑以及包装设计等环节存在的问题逐一探讨，共同解决。

---

* 本章由姚岳执笔。

2022 年 4 月，平台正式成功发布真人出镜气象资讯视频产品。产品包含全国热门城市 20 个真人播报视频内容以及 3000 个地区每日 AI 智能播报视频内容，共计每日并发 3100 多条独家天气视频内容。

本款真人播报天气预报产品，在内容设置上对风云四号卫星云图进行了首帧展示，让更多的用户能对风云卫星在日常生活中的作用有一个初步的了解。再者是网民关注的城市降水落区预报、城市气温预报、未来 5 天城市天气预报，最后对未来天气和穿衣有需求的用户可以通过穿衣指数获取穿衣指导。气象分析师团队利用贴心的肢体动作和专业的分析语言，1 分钟内就可以将天气要素介绍清晰。产品的上线满足了 20 个地区用户对真人出镜天气预报视频的需求。

风云四号卫星云图首帧展示

城市降水落区预报

城市气温预报

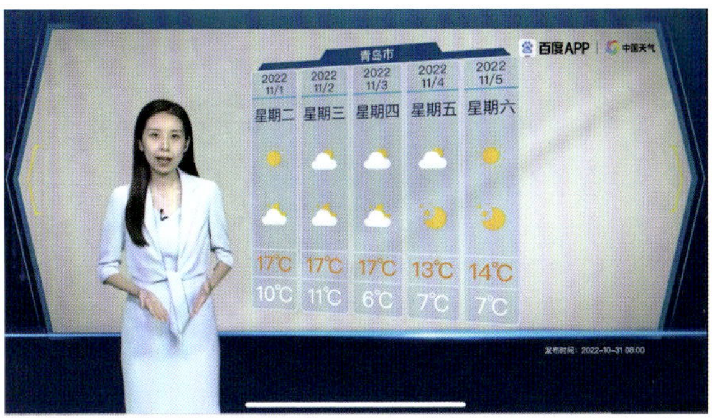

未来 5 天城市天气预报

穿衣指数指导

此外，3000 多个城市的自动化天气预报采用了百度的 AI 虚拟人物形象“度晓晓”。该形象是结合“中国天气”独家权威的气象数据生成的，每日固定时间触发并生成，真正实现了虚拟 IP 与自动化产品的完美结合。产品上线 6 个月以来，共计生产 685075 条短视频内容，阅读量总计破 8000 万。

百度 AI 虚拟人物形象“度晓晓”

未来，中国天气会进一步升级测试该产品，赋能更多元化的商业产品，将产品与流量、宣传、本地化几个方向完美结合起来，打造出真人出镜气象短视频和 AI 虚拟天气预报智能化视频的商业合作产品。

二、融媒体产品版权营销探索和突破

《漂亮书生》“冰块生存挑战赛”海报

融媒体时代的到来带动了传统气象版权营销的探索。自 2020 年起，我们与门户网站、新媒体平台、爱奇艺、支付宝、嘀嘀打车等合作伙伴进行了版权营销合作。

2020 年 8 月 13 日，我们与爱奇艺探索合作了《漂亮书生》的剧推宣传。《漂亮书生》这部剧中人物名称雪文曦、风承骏、雨乐暄、雷泽信的创作灵感来源于雪、风、雨、雷，与气象有着不一般的“缘分”。之后，爱奇艺的市场部与“中国天气”商务部开始了宣推方案的讨论。这部剧的开播正逢盛夏，也是爱奇艺的消暑代表作，所以围绕消暑这条主线，同时结合“中国天气”的覆盖营销能力，双方确定了《冰块生存挑战赛》活动方案。方案主要通过 3 个景别的切换将整体串联起来。线下景别的选取首次展现出“中国天气”自媒体矩阵的宣推能力。我们线下联动了江西省气象局、湖南省气象局、宁波市气象局、重庆市气象局，并在各气象局院内进行活动的现场执行。另一个景别是艺人视频 ID 录制以及现场互动播放。线上景别则是由“中国天气”搭建演播室，现场进行专家连线互动直播。此外，还有网友提出预测冰块的融化速度，颇具创意。对此，“中国天气”计划分别在江西、湖南、宁波、重庆 4 个地区开展活动。活动的前期准备大致如下：使用同样体积和大小的冰块，分别摆出爱奇艺《漂亮书生》消夏剧名中“漂”“亮”“书”“生”4 个字，再通过现场抽签等方式随机抽取“融化盲盒”。盲盒中实际是一些科学实验，比如：用电风扇吹冰、在冰上撒盐、盖上塑料薄膜等。通过科普实验，枯燥乏味的融冰过程将变得更具趣味性和竞猜性。

确定整体方案后，再针对执行和发布的细节进行讨论和修订。其中，包含了海报的设计和定稿、剧中艺人 ID 的录制、艺人“中国天气”消夏大使授权书的签署、冰块运输和摆放、突发应急情况预案、互动发布脚本、活动协议签署等。双方仅用两周时间就完成了活动的整体方案和策划。最终，活动时间定于2020年8月13日，线下活动将在4个地区气象局大院内进行；同时线上“中国天气”微博矩阵、爱奇艺网端和 App 端等平台将进行同步直播。下图为活动海报、效果展示图。

直播宣推视频截图

“中国天气”微博发布脚本：

#冰块生存挑战赛#【高温争霸赛即将打响！参与竞猜赢大奖】烈日炎炎，急需降温，2020年8月“中国天气”消暑大使，整装待发。8月13日，“@中国天气”将联合@漂亮书生官博在南昌、长沙、宁波、重庆四地发起冰块生存挑战赛！到底哪个城市冰块融化最快？谁才是最火热的城市？2020年8月“中国天气”消暑大使会为哪座城市打call？关注“@中国天气”8月13日12:00直播，看直播参与竞猜，还有机会赢取大奖！

直播现场四地冰块摆放以及直播间专家主持人互动

此次跨界营销活动为观众带来了全方位的沉浸式消暑体验。直播实现了科普与宣推的双赢，通过IP吸引网友参与竞猜的形式，更多人了解到了气象科普；同时直播又用有趣的知识和活动回馈网友的热情，寓教于乐，进一步宣传了爱奇艺新剧，将当下全国网友热议的夏季气温话题及“融冰消暑”概念有机结合，强化了用户对剧集“清凉消暑”“搞笑欢乐”的标签和定位，实现了科普与娱乐的创新结合。以“降温消暑”为主题，“中国天气”连线4座城市同时进行“融冰”实验比赛，最终南昌市获得第一，宁波市与长沙市并列第二。“中国天气”官方微博发动网友参与、讨论，竞猜抽奖，受到了网友的热烈追捧，助力爱奇艺新剧宣传的同时，累计在线观看人数超122万，逾万名网友参与了互动。与此同时，为了带动更多网友参与，“中国天气”在新媒体端提前2天就开始预热，不仅抢占了“高温争霸赛”话题，引爆微博热搜，还推出了《9个关于桑拿天的真相》《细数高温那点事》《不同气温下人体器官历险记》等有趣有料的相关科普，持续点燃微博热度；并在直播中增加抽取奖品环节，吸引了近万名网友参与互动转发，成功助力跨界营销。

2022年春运期间，“中国天气”紧扣“百姓贴心人”服务宗旨，创新发展视频制作，根据百度百家号的用户定位，“中国天气”视频组研发春运天气定制视频产品，紧抓社会热点，为群众提供特色气象服务，优质视频广受用户青睐。“中国天气”百家号为出行人群定制《伴你春运回家路》专题视频，视频内容包含了春运期间的天气情况、真人出镜分析、春运科普冷知识介绍等版块；形式上结合演播室实景拍摄以及虚拟城市天气预报背景板、热门迁入地（目的地）天气预报背景板、冷知识背景板等虚拟背景，对于天气方面的需求普及做到了生动又专业权威的数据支持。本次合作得到百度百家号政务团队的大力支持，给百度用户和春运出行的归家人带来了很好的体验。通过努力，《春运办你回家路》视频内容登上百度App、百家号App开屏、精品栏目搜索卡、百度App政务频道banner、好看视频弹窗推荐等推荐位置。《伴你春运回家路》上线11期正片、28篇图文，总阅读量达315.6万人次，总互动量达3.8万人次，话题总阅读量达4572万人次。

百度App开屏

好看视频弹窗推荐推送

频道 banner 位

精品栏目搜索卡

话题阅读数据截图

三、玩转元宇宙——数字收藏品开拓气象行业先河

2021 年被称为“元宇宙元年”。2021 年底、2022 年初，中央纪委国家监委、工业和信息化部分别对元宇宙概念进行指导说明，并鼓励企业进军元宇宙、区块链等新兴领域。在元宇宙的大概念中，数字藏品是 2022 年包括百度、腾讯、阿里等各大互联网平台纷纷推出的热门产品，它是由区块链的 NFT（非同质化通证）认证和加密的虚拟产品。对于网友来说，数字藏品具有独特性和稀缺性，并且收藏门槛低，因此广受欢迎；对于发行方来说，利用数字化赋能传统产品，开启了品牌经济新模式。

2021 年 11 月至 2022 年 3 月，短短几个月的时间里，数字藏品发售平台数量从 26 个增至 100 多个，包括百度、腾讯、阿里、京东、芒果 TV 等在内的知名互联网平台纷纷下场布局。“中国天气”及时关注行业动态，通过走访、调研等多种方式，对国内主流数字藏品平台进行深入学习，交流沟通，包含但不限于鲸探、幻核、TopHolder 头号藏家、新华数藏、第五境面、百度超级链等平台，通过与大平台推介，找准气象产品的独特性与传播价值，成功与百度、腾讯、阿里等平台确定合作模式。

2022 年 3 月 23 日，正值“3・23”世界气象日，“中国天气”牵头获得国家卫星气象中心（国家空间天气监测预警中心）独家授权，并联合百度百家号、百度超级链、智能小程序，独家推出“拥抱星辰大海”中国风云气象卫星系列数字藏品，精选了“1988 年风云一号卫星首图”“风云一号 C 星首张可见光合成图像”“风云三号 E 星（黎明星）拍摄的我国首张太阳极紫外图像”以及“风云三号 E 星（黎明星）拍摄的全球昼夜交替视频”4 个由我国自主研发的风云系列气象卫星拍摄的高清云图或视频，将雄伟的自然奇观和风云系列气象卫星首图等珍贵画面定格成永恒的数字收藏品。该系列藏品不仅让广大公众共同见证了我国气象卫星事业 50 余年来的发展历程，也给一直仰望星空的人们打开了又一扇追求浩瀚宇宙的浪漫之门。

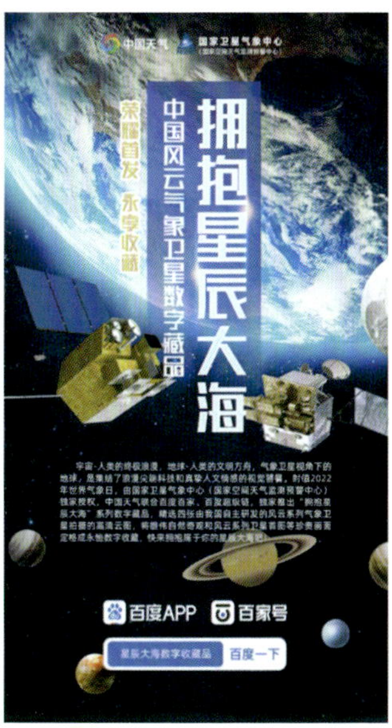

活动宣推海报

百度推荐页卡展示

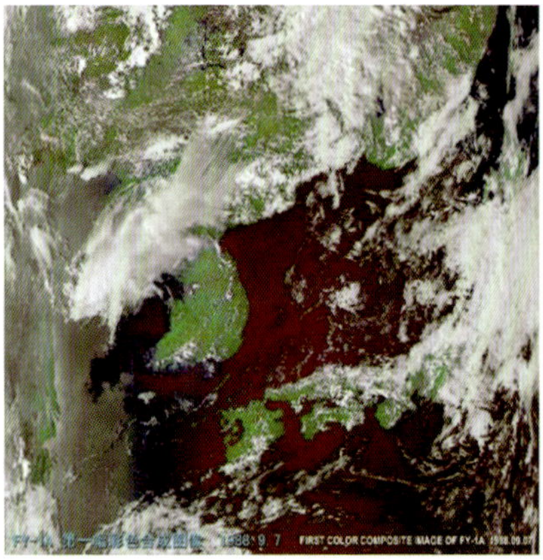

1988 年风云一号卫星首图

风云一号 C 星首张可见光合成图像

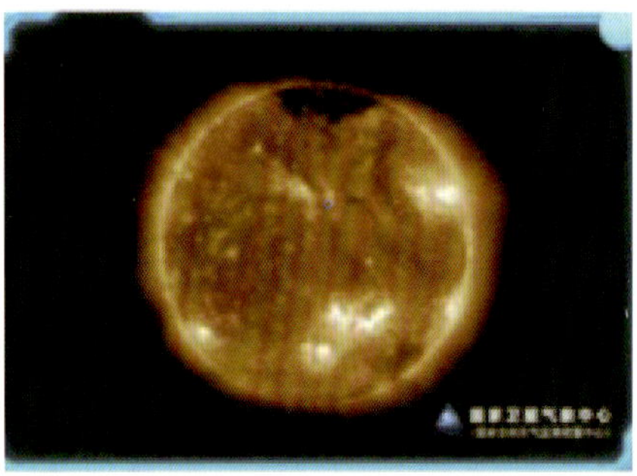

风云三号 E 星（黎明星）拍摄的我国首张太阳极紫外图像

风云三号 E 星（黎明星）拍摄的全球昼夜交替视频

此次“中国天气”发布首个数字收藏品——《星辰大海·中国风云气象卫星系列数字藏品》（4 款，共 8888 份），1 号藏品——1988 年风云一号首图于 23 日气象日免费首发（3 秒抢空），2 号藏品——云从龙 24 日火爆抢空（1 分钟抢空）；其中，2 ~ 4 号藏品于 24—26 日付费售卖。

2022 年 5 月，在我国一代极轨气象卫星风云三号发射 14 周年之际，“中国天气”、国家卫星气象中心（国家空间天气监测预警中心）联合腾讯新闻，重磅推出“‘中国天气’‘风云传奇’数字特展”。此次特展为公众带来了我国风云家族最新成员——二代极轨气象卫星风云三号 E 星（又称“黎明星”），推出“风云三号 E 星卫星”3D 模型、“首幅洋面风场月平均产品图像”和“北极可见光图像”3 款独家数字藏品，和广大公众一起见证了风云气象卫星家族的最新“传奇”，大大宣传了我国卫星气象事业的最新成就。

“‘中国天气’‘风云传奇’数字特展”活动宣传海报

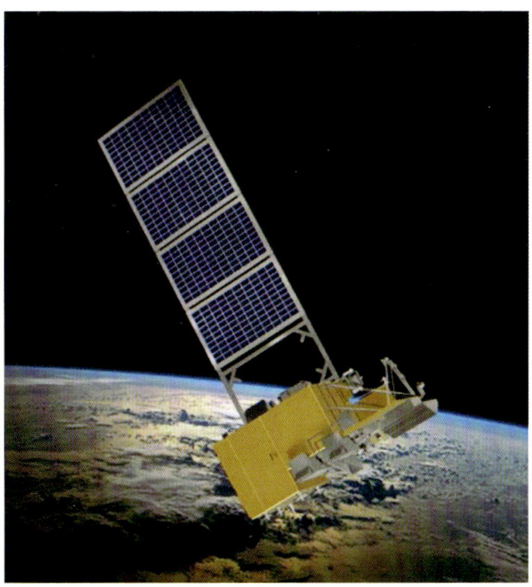

风云三号 E 星卫星 3D 模型

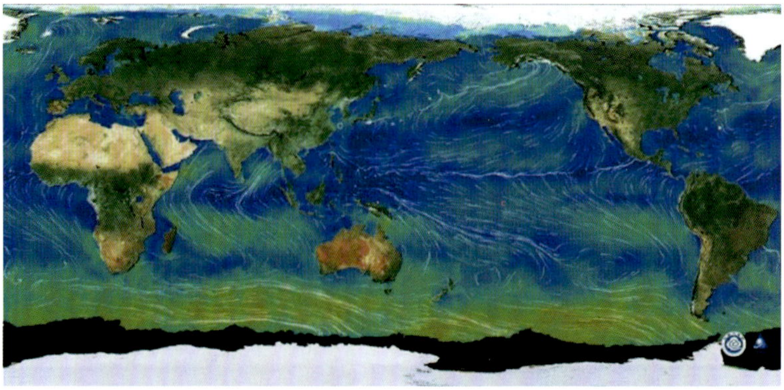

首幅洋面风场月平均产品图像

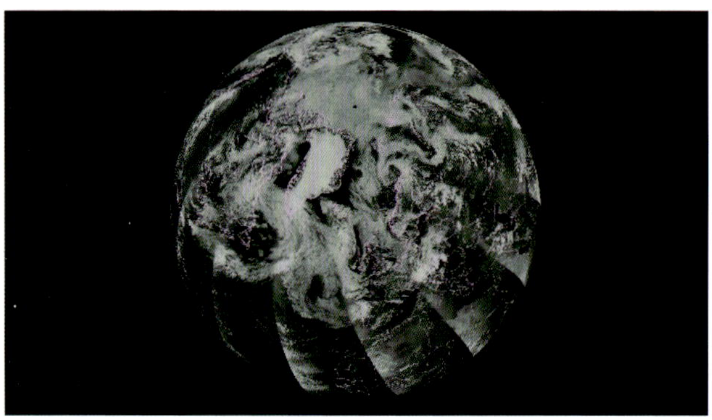

北极可见光图像

此次“中国天气”“风云传奇”数字展览一经上线同样深受藏家的争相收藏。其中“风云三号 E 星卫星”3D 模型共计 3000 份；“首幅洋面风场月平均产品图像”共计 3000 份。以上两件藏品 3 天内全部售罄。

2022 年 9 月，“中国天气”获得国家航天局对地观测与数据中心独家授权，与阿里鲸探联合发布高分辨率对地观测卫星（简称“高分卫星”）数字藏品，实现了高分卫星一系列的产品数字化，为公众揭开了我国高分辨率对地观测系统重大科技专项（高分专项）工程的神秘面纱。此次重磅发布的数字藏品包含了高分专项工程中的两个重要成果：高分一号卫星和高分七号卫星。也是通过本次合作，“中国天气”正式入驻鲸探数字藏品平台并得到了官方认证身份。

高分专项的“排头兵”——高分一号卫星于 2013 年 4 月发射，已在轨稳定工作 9 年，极大突破了 3 ～ 5 年的传输型遥感卫星设计寿命。卫星上搭载有

2 台全色 2 米分辨率相机，幅宽 60 千米；4 台多光谱 16 米分辨率相机，幅宽 800 千米，具有中高分辨率与大幅宽相结合的观测能力，对大面积普查观测独具特色。此藏品一共发售 10000 份，一经上线几秒内被抢空。

鲸探平台“中国天气”官方认证

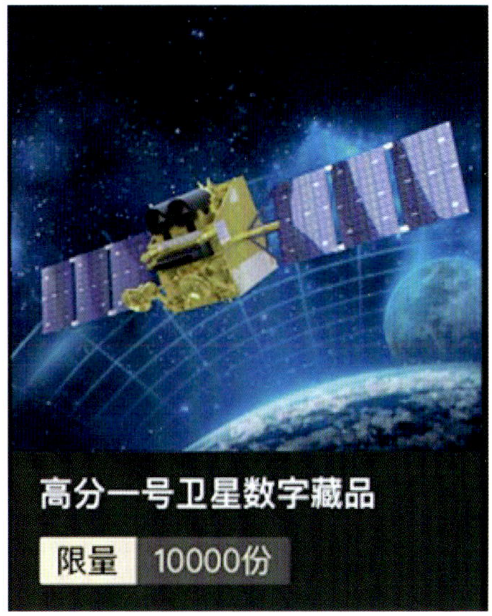

高分一号卫星 3D 模型

高分专项的“游标卡尺”——高分七号卫星可对地球进行立体测量。该卫星配置有 1 台双线阵相机和 1 台激光测高仪，测高精度和定位精度目前达国内最高水平，使我国首次实现全球 1∶10000 比例尺卫星立体测图，从此高山、河谷、城市建筑等都能通过 3D 影像技术呈现出来，为我们提供了看地球新视野。此藏品一共发售 10000 份，一经上线几分钟内被抢空。

在对公众进行气象科普宣传的同时，“中国天气”还制定了元宇宙数字收藏品 NFT 平台的销售策略和规则。通过联合媒体大厂，建立了藏品从制作包装到宣推策划，再到上线销售的一站式营销模式，实现了气象数字藏品交易上线秒级售罄的销售历史。经济效益的取得充分体现了公众对气象藏品的认可，一定程度上有利于反哺公益气象服务事业，为推动气象宣传提供有效支撑。

高分七号卫星 3D 模型

四、破圈跨界微博泛知识软广告合作

互联网的加速发展造成了信息爆炸。过去，原创教育内容较为稀缺，知识付费门槛较高；如今通过互联网新媒体平台，知识类内容有了新的传播方式，既可通过平台轻松获取到专业的知识内容，又可参与到知识的讨论和在线的传播环境中。而对于常态，广告主已经不再仅仅满足于硬广和软广的模式，更需要的是转化率的收益。

饿了么在 2022 年 6 月推出的《饿了么一分钟免单活动》完美诠释了互联网广告传播效应，游戏化的趣味性知识传播可带来更多的社交传播参与者和分享者。在此活动登上热搜之后，饿了么的公关团队也与“中国天气”的市场团队进行了深度沟通，双方很快确定了合作意向，并开始研究合作的气象知识谜题创意。

2022 年 7 月 7—8 日，“中国天气”作为第一位“饿了么免单智囊团”来帮忙出题，还把气象知识点融进了题目里。7 月 5 日，通过双方市场商务的对接，策划和执行人员被正式拉进共享群中。次日，针对活动题目，团队进行了提案评估，包含了台风、节气等方面的知识。饿了么执行团队根据以往活动的用户情况，也确定了节气知识的提案方向，于是针对于节气知识的题目“中国天气”进行了深度策划。

最开始的题目设计：

主题：夏天的秘密

背景：小暑将近，盛夏已经到来，这个时节天气炎热，雷暴大风等对流天气也多。小暑三候：“一候温风至；二候蟋蟀居宇；三候鹰始鸷。”小暑时节也是蟋蟀离开田野、迁往阴凉庭院或屋角穴居的时候。

线索物品：①墙上的诗词字画，上书“竹喧先觉雨，山暗已闻雷。”②摊开的笔记本上，天气栏有风力等级符号；③桌子上的日历，翻到“初伏”那天。3个线索物品都有不同大小的蟋蟀停留，表明是线索物品。

干扰项：时钟、温度计、堆叠的书本等

答案：

① 10时38分。墙上的诗词“竹喧先觉雨，山暗已闻雷。”为诗词《小暑六月节》节选，暗指小暑时间2022年7月7日10时38分。

② 14时07分。摊开的笔记本上，天气栏有风力等级符号，计算可得风速为14米/秒，对应风力等级为7级。

③ 19时16分。桌子上有日历，日历角落有月亮标识，翻到“初伏”那天，蟋蟀挡住了文字。只能看出“刀犬”或“礻大”字样，需要猜出“初伏”二字，解锁初伏时间为7月16日；同时由于日历上有月亮标志，因此时间为19时16分。

④“中国天气”同步发布话题#夏天和蟋蟀什么关系#。

当文案和题目确定后，设计老师便着手设计手稿，之后通过饿了么确认，进行上色、调整以及最终定稿。担心难度较大用户无法答对，设计老师还贴心地挪动日历上面蟋蟀的位置，使日历上面“初伏”两个字遮挡较少，降低了题目的难度。

最后于2022年7月7日15时32分由饿了么商务团队审核完毕，并制定上线策略：7月7日饿了么23时发布题目；7月8日中午12时，“中国天气”@饿了么公布第一场的答案；7月8日下午15时，“中国天气”公布前两场答案。

手稿设计

最终定稿

①第一个时间是10时38分。"竹喧先觉雨，山暗已闻雷。"为诗词《咏廿四气诗·小暑六月节》节选，今年7月7日10时38分进入小暑节气。

②第二个时间点是14时07分。在天气图上，常用风矢来表示风力的大小。风矢中的长横线代表4米/秒，短横线代表2米/秒，因此笔记本上的风力是"三长一短"，即14米/秒，对应风力等级为7级。

③一年中最热的日子三伏天即将到来，第三题的线索就与三伏天有关，#夏天和蟋蟀什么关系#。我们就提示到这里啦~~

7月8日晚@饿了么公布答案。

今天的三场免单活动已全部结束啦，10 时 38 分、14 时 07 分、19 时 16 分，感谢“@ 中国天气”的专业知识和科普，学到了新知识。

小暑时节，大家也要注意避暑纳凉呀～评论区聊一波夏天最适合吃什么，捉 1 位请你吃雪糕～

饿了么免单 ## 饿了么免单全网征题

“中国天气”与饿了么活动发布内容截屏

本次跨圈跨界的营销活动，既有趣味性，又体现了“中国天气”官方气象权威，把知识和猜谜进行了非常完美的结合。微博话题“夏天和蟋蟀什么关系”荣登热搜，发布的内容得到微博用户的众多好评以及媒体的转发支持。整体活动在微博不完全统计总计转发量 426 条、评论量 7482 条、点赞量 22149

个，得到饿了么客户的认可和好评。

微博话题热搜截屏

好评截屏

微博媒体学院
今天15:05 来自 微博 weibo.com
【你知道#夏天和蟋蟀什么关系#】7月8日，@中国天气 为饿了么"猜答案免单"出了三道气象题。细心的网友发现，这两个题面旁边都各自停留了一只蟋蟀，所以蟋蟀和时令又有什么关系呢？原来，元代文人吴澄编著《月令七十二候集解》，将一年二十四节气分成"七十二候"，每个节气分成三候。小暑三候为："一候温风至；二候蟋蟀居宇；三候鹰始鸷。"你能猜到答案吗？#饿了么免单# #饿了么免单全网征题# 收起
猜答案免单
转发 1 1
每日经济新闻
【你知道#夏天和蟋蟀什么关系#】7月8日，@中国天气 为饿了么"猜答案免单"出了三道气象题。细心的网友发现，这两个题面旁边都各自停留了一只蟋蟀，所以蟋蟀和时令又有什么关系呢？原来，元代文人吴澄编著《月令七十二候集解》，将一年二十四节气分成"七十二候"，每个节气分成三候。小暑三候为："一候温风至；二候蟋蟀居宇；三候鹰始鸷。"你能猜到答案吗？#饿了么免单# #饿了么免单全网征题# 都市快报的微博视频
收起
猜答案免单
转发 评论 赞
极目新闻
【#夏天和蟋蟀什么关系# 这个知识点你学到了吗？】7月8日，@中国天气 给广大网友出了三道颇为专业的气象题，猜中答案的用户即有机会享受饿了么免单。从它目前公布的答案来看，知识点分别是进入小暑节气的时间点和风力风速的计算方法。有细心的网友已经发现，这两个题面旁边都各自停留了一只蟋蟀。所以 展开
猜答案免单
3 4 6

众多媒体转发支持截屏

五、融媒体自动视频预警产品 App 推广案例

2021 年，“中国天气”与腾讯视频尝试性地开展了融媒体自动视频预警产品的合作。“中国天气”本身拥有气象服务视频生产加工系统，这套系统是利用大数据处理技术、视频数据流编解码技术和影音渲染合成技术，在融媒体气象服务数据的基础上搭建完全自主研发的气象服务短视频自动化生产系统产生的，可降低对外部商业系统的严重依赖，提高技术创新生产能力和自主研发能力，建立全自动的短视频产品生产体系。

针对腾讯视频的用户，腾讯视频希望在天气预警方面可以第一时间通过自身的客户端发起弹窗推荐，让用户事先得知将要发生的如暴雨、暴雪、台风等灾害性天气的信息，通过预警提醒公众事先采取必要的防护措施，从而有效减少灾害所带来的损失。出于腾讯视频的强需求以及“中国天气”的权威数据能力和软件能力，双方共同针对腾讯视频的用户研发了自动化预警短视频产品。

最初的测试样片设计

腾讯视频独家定制样式

初期先对产品的组件进行了腾讯视频覆盖用户端地区的筛选，从“中国天气”可提供的 4000 多个地区最终圈定几百个城市；与此同时，针对最终的视频时间和展现效果进行了定位确定，将最初的测试样片设计由腾讯进行优化，变更为独家定制样式。根据腾讯视频用户的消息获取习惯，需要将视频的总长

度控制在 30 秒内。

再者，也是最重要的部分：内容的呈现组成。其中，包含了国家预警信息发布中心的预警信息发布、“中国天气”研发的舒适度指数、穿衣指数，以及为了更加形象地体现预警信息的表达，加入“中国天气”模拟的常态预警动画效果这几部分内容。通过多片段合成技术，使 N 个不同的视频画面实时地在腾讯视频已经定制的视频模板中进行呈现。这一合成技术可以捕获到视频数据流，利用影音渲染引擎，生成基于数据的短视频产品叠加文字的自动化声音读取功能，匹配并格式化自动存储，进而完成视频内容的制作流程。最后，需要解决的问题就是视频触发形式的自动生成。我们技术人员通过预警信息，将数据转化为触发信号，从而第一时间生成预警视频内容；再通过腾讯视频指定的内容接收接口进行技术开发对接，并在腾讯平台上注册“中国天气”预警信息推送腾讯号，保证生成的预警视频内容可在 10 秒钟左右传输到腾讯中台系统。

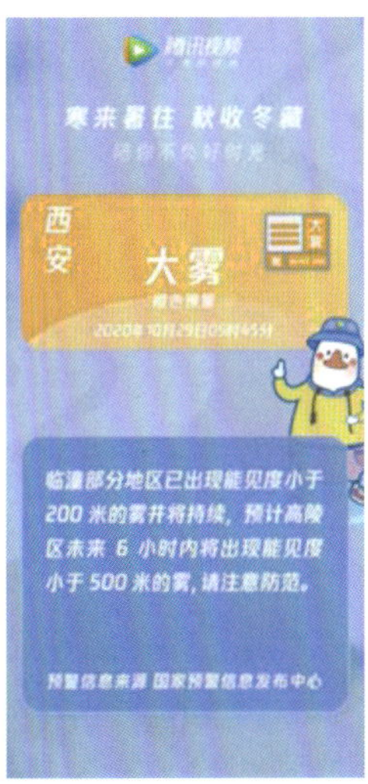

增加动画效果的预警信息发布

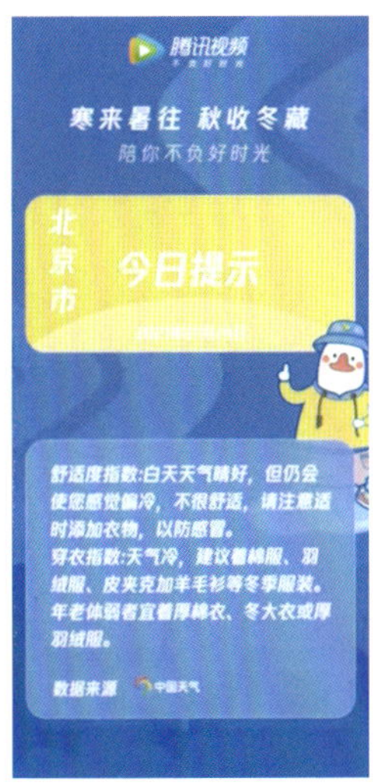

舒适度指数和穿衣指数

REFERENCE 参考文献

胡正荣，2022. 构建全媒体传播体系 [EB/OL]. (2022-04-20) [2023-06-26]. https://baijiahao.baidu.com/sid=1730612373805360756&wfr=spider&for=pc.

李婷，张春红，2022. 基于信息可视化的动态图形设计应用研究——以科普动画设计为例 [J]. 设计，35(8)：140-142 .

彭佳倩，曹三省，2022. 以人为本的创新与融合：新媒体时代下的科普创作与传播 [J]. 科普创作评论，2(1)：5-11.

宋波，2017. 在媒体融合背景下的媒资运营策略探讨 [M]// 中国广播电影电视社会组织联合会信息资源产业发展工作委员会 . 广播电视信息资源论文集（九）. 北京：中国广播影视出版社：88-90.

杨芳，2019. MG 动画短视频与气象科普知识传播研究 [J]. 科技传播，11(24)：174-175.

张璇，2022. 融媒体时代二十四节气的传播与策略 [J]. 今传媒，30(1)：33-36.

AppGrowing，2022. 今日头条、抖音、快手等六大媒体用户画像分析 [EB/OL]. (2022-08-18) [2023-06-26]. https://zhuanlan.zhihu.com/p/555255246.